油气田产出水现场处理手册

Produced Water Treatment Field Manual

[美] Maurice Stewart, Ken Arnold 著

卢雪梅 陶亮亮 白振瑞 等译

中国石化出版社

著作权合同登记　图字 01-2014-8339

图书在版编目（CIP）数据

油气田产出水现场处理手册 / (美) 莫里斯·斯特沃特 (Maurice Stewart), (美) 肯·阿诺德(Ken Arnold) 著；卢雪梅，陶亮亮，白振瑞译. ——北京：中国石化出版社，2016.12

ISBN 978-7-5114-4379-3

Ⅰ. ①油… Ⅱ. ①莫… ②肯… ③卢… ④陶… ⑤白… Ⅲ. ①油气田—水处理—手册 Ⅳ. ①TE357.6-62

中国版本图书馆CIP数据核字(2016)第311789号

中国石化出版社出版发行

地址：北京市朝阳区吉市口路9号

邮编：100020　电话：(010)59964500

发行部电话：(010)59964526

http://www.sinopec-press.com

E-mail:press@sinopec.com

北京柏力行彩印有限公司印刷

全国各地新华书店经销

*

710×1000毫米16开本9.5印张139千字

2016年12月第1版　2016年12月第1次印刷

定价：38.00元

译者序

据EIA预测(IEO2003)，2010~2040年间，在经济发展的带动下，全球能源消费将增长56%。虽然可再生能源和核能都将以每年2.5%的速度增长，但化石燃料在世界能源使用总量中所占比重仍将保持在80%左右。油气在化石能源供应中的主体地位仍将保持不变，全球石油及其他液态燃料的年消费量将从2010年的4.45Gt增长到2040年的5.88Gt；而全球天然气消费量将从2010年的$3.2\times10^{12}m^3$大幅增加到2040年的$5.2\times10^{12}m^3$。

与此同时，油气供应面临的挑战却在不断加大。随着世界油气勘探程度的不断提高，条件比较好的常规油气发现的数量在减少，而且规模也在变小。油气勘探的重点领域逐渐转向条件恶劣的深水、沙漠、极地及偏远地区。在油气开发方面，成熟油气区常规油气资源的开采难度在逐渐加大，对油气藏管理的要求越来越高，提高采收率已成为增储上产的重要途径。新的大型油气发现大都集中在深海，例如墨西哥湾和巴西海域盐下层以及西非和东非深海的大型油气发现，这些油气田的开发面临极大的技术挑战。非常规油气资源潜力巨大，近年来，随着技术的进步，越来越多的非常规油气资源得以开发。北美(尤其是美国)的页岩气和致密油开发快速发展，已经成为当前油气工业的热点和亮点。据BP公司预测，到2030年全球页岩气产量将达到$7540\times10^8m^3$，占当年天然气总产量的16.5%；致密油产量将达到450Mt，占原油总产量的9%。

在油气勘探开发难度增加的同时，环境保护的要求也在不断提高。油气的勘探和开采都会产生大量的污染源，如果处理措施不当，都会造成极其严重的环境破坏。在当今大力倡导绿色发展的形势下，油气行业需要增强环保意识，并努力做好环境保护工作。

不论是复杂地区的油气勘探、老油区的增储上产，还是勘探开发过程中的环境保护，都需要有先进的新技术。国外(尤其是美国)等油气技术强国在油气上游的各个领域都在不断进行技术创新，而且也积累了丰富的经验，相关的技术文献很多。

为了引介国外先进的油气勘探开发理论和技术，进一步促进我国相关领域的理论研究和技术研发，由中国石化集团公司科技部组织，中国石化石油勘探开发研究院牵头，联合中石化石油工程设计有限公司、中国石化河南油田分公司、中国石化江汉油田分公司、中国石化出版社等单位，召集有关专家学者，根据国内油气勘探开发的技术需求，在广泛征求业内专家意见的基础上，优选了一批代表国外油气勘探开发技术最新成果的科技专著，以丛书的形式翻译出版，供国内读者阅读、参考。

本套丛书的顺利出版，是团队合作的结果，是集体智慧的结晶。向给予大力支持的以上单位和参与翻译出版工作的专家们致以诚挚谢意！

由于本套丛书涉及的专业面较广，而参与翻译和审校人员的专业背景不同，难免有疏漏之处，敬请读者批评指正。

译丛编译工作组

2015年5月

目　录

第一部分 采出水处理系统

第二部分 注水系统

PRODUCED WATER TREATMENT

第一部分 采出水处理系统

1 简介

在油气开采过程中，采出物中常常含有伴生水。这些水必须在不违背既有环境规章的前提下与油气进行分离和处理。

油气与水的分离通常含有采用以下重力分离设备：三相分离器、加热处理器和/或游离水分离器。

重力分离设备无法实现100%的油气与水的分离；采出水中通常含有0.1%~10%(体)的分散或溶解油气。

采出水处理设施的作用是在对采出水进行最终处置前减少其所含的烃。

不同国家对采出水排入海面的管理规章不尽相同。违背这些规章可能导致民事处罚、大额罚金、生产受损或延迟。

目前，规章要求将采出污水中的油含量降至15~50mg/L的水平。

环境法规通常禁止向海面处置或排放采出水。陆上采出水处理通常应按要求将其注入盐水处置井中。

本节的目的是让设计人员了解相应设计程序，以便选择采用适宜类型的设备对采出水中的油进行处理，并提供计算设备尺寸大小的理论公式和经验、规律。

设计人员可按照本节所提供的设计程序绘制工艺流程图和确定设施尺寸大小。

在确定了排放物质量、采出水流速、油的相对密度、水的相对密度和排放要求等参数后，可对设备供应方的废水处理系统进行评估。

2 处理标准

2.1 海上作业

采出水处理标准由政府管理部门制定。管理部门通常会明确要求对油含

量进行分析。

美国对采出水的毒性有限制，要求排放者取得政府的许可证，以便控制排放的采出水的毒性。

表1-1归纳了几个国家的海上处理标准。这些标准的时效性与本手册相同。

表1-1 全球采出水污油含量限制

国家和地区	污油含量限制
厄瓜多尔、哥伦比亚、巴西	30mg/L(所有设施)
阿根廷和委内瑞拉	15mg/L(新设施)
印度尼西亚	25mg/L(所有设施)；内陆水道零排放
马来西亚、中东	30mg/L(所有设施)
尼日利亚、安哥拉、喀麦隆、科特迪瓦	50mg/L(所有设施)
北海、澳大利亚	30mg/L(所有设施)
泰国、文莱	30mg/L(所有设施)
美 国	29mg/L(外陆架所有设施)；内陆水道零排放

2.2 陆上作业

通常禁止向淡水溪流、河流排放采出水，盐度低的采出水等少数情况例外。

一些油田卤水因盐度高可能导致淡水鱼类和植物的死亡。

管理部门通常要求对陆上作业的采出水进行回注处理，并监管采出水处理井的完井和作业。

3 采出水特征

采出水中除烃外，还含有多种其他物质，对选择何种采出水处理方式有影响。

这些物质的组成和含量可能因不同的油气田而有所不同，也可能因同一个油气田的不同产层而有所不同。

采出水中的污物含量以mg/L表示。本节讨论了采出水所含的一些较重要的物质。

3.1 固体颗粒溶解物

采出水中含有固体颗粒溶解物，其含量根据地理位置、储层的年代和类型的不同，低可小于100mg/L，高可超过300000mg/L。

与天然气共同采出的水中含有冷凝水蒸气和少许固体颗粒溶解物，盐度非常低，可视为淡水。含水层的水与天然气或石油共同采出时，其中的固体颗粒溶解物含量要高得多。高温储层的采出水通常总固体颗粒溶解度(TDS)较高，而温度较低的储层的采出水TDS较低。

固体颗粒溶解物是指以纳离子、氯离子为主的无机成分。

其他常见的阳离子还包括：钙离子(Ca^{2+})、镁离子(Mg^{2+})、铁离子(Fe^{2+})；不常见的阳离子有钡离子(Ba^{2+})、钾离子(K^{+})、锶离子(Sr^{+})、铝离子(Al^{3+})、锂离子(Li^{+})。

其他阴离子包括：碳酸氢根离子(HCO_3^{-})、碳酸根离子(CO_3^{2-})、硫酸根离子(SO_4^{2-})。

所有的水处理设施都应有各主要储层的水分析数据和合采采出水的水分析数据。有析出和结垢可能性的成分的数据尤其重要。

3.2 沉淀(垢)

在温度、压力或成分发生变化时，易与其他离子反应生成沉淀的离子更难处理。

这些离子常在管柱、管路、容器和采出水处理设施内生成沉淀。

应避免将甲板漏水口处的有氧水与采出水混合，否则处理液中除了油包裹的固体颗粒物外，还可能生成碳酸钙、硫酸钙和硫化铁。

4 除垢

盐酸可用于溶解碳酸钙和硫化铁垢，但硫化铁与盐酸的化学反应会释放硫化氢。硫酸钙不溶于盐酸，但有化学剂可将之转化为可溶于酸的物质，然后用酸除去。这个两步反应过程比较慢。去除硫酸钙垢比去除碳酸钙垢困难，目前尚无可有效溶解硫酸钡和硫酸锶的方法，这些垢可采用机械方式清除，但较耗时。机械除垢法存在废物处理问题，还可能面临放射性物质的问题。

5 化学抑制剂防垢

现有防垢化学剂可延缓或阻止垢的生成，这些防垢剂大多通过包裹新形成的结晶来延缓结垢进程。常用防垢剂包括：无机磷酸盐(价廉，适用范围有限)、有机磷酸酯[易于控制，但仅限于38℃(100℉)以下使用]、磷酸盐[易于控制，在57℃(150℉)的较高温度下仍能保持稳定]、聚合物(拥有最佳的热稳定性

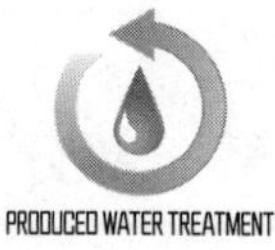

和防垢效果，但难于控制)。

6 砂和其他悬浮固体颗粒

采出水中常含有其他悬浮固体颗粒，包括地层中的砂和黏土、增产(压裂)支撑剂和其他腐蚀性生成物。

在一般情况下，采出水中的悬浮固体颗粒的量不多，但开采松散的地层时情况就不一样了，大量的砂将随采出水流出。出砂通常为油湿性，处理很困难。与除砂有关的细节请参看第9节相关内容。

采出水中少量固体颗粒在水处理中是否造成问题，主要取决于其颗粒大小和其对分散油滴的亲和力。

如果这些固体颗粒的物性和电荷适合吸引分散油滴，则这些固体颗粒可能吸附在油滴上形成稳定的乳状液，阻碍油相的凝聚或分离；形成的油/固颗粒的相对密度可能接近采出水的相对密度，从而无法或很难进行重力分离。

悬浮固体颗粒的含量可通过0.45μm微孔过滤测试进行监测，残留物可进行矿物成分分析，以确定固体颗粒的来源。

当出现固体颗粒时，应考虑进行化学处理，以便“打破”固体颗粒与油滴之间的静电吸引；设备设计上一定要考虑加装固体颗粒去除端口、喷嘴和/或金属板；采用不受固体颗粒存在影响的油测量技术；固体颗粒极有可能外裹“油衣”，因此美国禁止在海上进行处置，但此规定适用于除砂装置或除砂器去除的固体颗粒，不适用于水中悬浮固态颗粒的情况。

在注水处理时，应注入孔隙空间足够大的处理层位，以防止悬浮固体颗粒堵塞地层。在向处理井回注时，应先使用过滤装置去除大颗粒。如不进行过滤，则需要进行定期返排和酸化，以保护处理井。为维持压力和提高采收率进行的水驱通常需要进行过滤，以去除悬浮物。注水压力通常必须低于地层压裂压力。

6.1 溶解气

采出水中常见的溶解气包括天然气(甲烷、乙烷、丙烷和丁烷)、硫化氢和二氧化碳。储层内的水因所受压力相对较高而饱含这些气体。在采出水顺井筒上行时，大多数气体都迅速逸出；在未逸出的气体中，大部分也可被一次分离器

和储存罐分离去除。采出水从油流、凝析物流和/或气流中分离出时的压力和温度，会影响进入采出水处理装置的采出水中溶解气的品质。分离压力越高，溶解气的品质越高；分离温度越高，溶解气的品质越低。

① 天然气：在中、高压下，其成分略溶于水，并出现于采出水中。其成分亲油，这一因素应在采出水处理系统的气浮装置的设计中予以考虑。

② 硫化氢：采出水中可含有来自储层的硫化氢，硫酸盐还原菌对储层或开采设备有影响。硫化氢还具有腐蚀性，可能形成硫化铁垢，如不慎吸入，毒性极大。硫化氢的毒性对设施的运行和维护有影响，尤其是打开容器进行调节时更是如此(如需要对气浮室进行堰调)。因此，操作人员应进行特训并穿戴防护呼吸器等。硫化铁(硫化氢形成的腐蚀性产物)暴露在空气中或其他含氧环境中时，可能发生自燃，因此也是火灾隐患。

③ 二氧化碳：如果储层产出物中含有二氧化碳，则采出水中也将含有二氧化碳。它们具有腐蚀性并会形成碳酸钙垢。去除硫化氢和二氧化碳将导致pH值升高，也会促成垢的形成。

④ 氧气：采出水中并不常见，但当采出水流至地面，暴露于大气中时，水中会溶解一些氧气。水中含氧可能增大腐蚀程度和速度；也可能发生氧化反应生成固态产物；导致油品出现大气老化现象，使清洁工序难以进行。为防止以上情况发生，工艺中所有用于生产和水处理的罐和容器都应使用天然气进行隔离。

⑤ 海水：常被用作海上注水增产用水和用于保持注入压力；含有大量溶解氧和部分二氧化碳；可能含有细菌；在注水前，其中的氧气和二氧化碳必须通过真空脱气或其他脱气工艺进行处理。

6.2 水包油乳化液

大多数油田都可见“正常乳化液”，即连续油相中有分散的水珠，水珠直径介于100~400μm之间。

采出水处理作业时可见“水包油乳液”，即连续水相中有分散油滴，直径通常小于150μm。

不稳定乳化液，即油滴在互相接触时可融合成为大油滴，而在打破乳化状态下，不稳定乳化液通常在几分钟内破乳，无需处理。

稳定乳化液，是指加入保持两相间界面膜的稳定剂或乳化剂时形成的两种不相溶液体的悬浮液；化学剂、热量、沉淀时间和静电是去除膜和破乳的主要影响因素；未经处理的、稳定的乳化液可持续数日，甚至数周。

油包水乳化液。此种乳化液的破乳剂又称“去稳定剂”，其可溶于油，常在乳化液进入处理装置前加入。由于具有溶于油的特点，破乳剂可由原油携带。这样一来，如果乳化液在第一阶段分离器中无法破乳，破乳剂还可在后续分离器和储罐中继续反应。

水包油乳化液。此种乳化液的破乳剂又称“反向破乳剂”，是一种特殊的去稳定剂或破乳剂，其与常规破乳剂类似，但溶于水；通常加入第一座水包油分离器处理后产物中；含量通常为5~15mg/L；由于这些化学剂有稳定乳化剂的作用，故应尽量避免加剂过量。

采出水中的乳化物的乳化膜破裂后，以分散油滴形式存在；油滴合并可形成油膜，通过重力装置(如脱脂器、聚结器、板式分离器等)进行分离；小油滴的分离耗时较长，因此需使用浮选池或加速方法(如水力旋流器和离心机等)；设备的选择基于入口油滴的直径和含量。

6.3 溶解油含量

溶解油表示烃或其他可溶于水的有机成分。

采出水的来源影响其中溶解油的品质。天然气/凝析物采出水通常溶解油含量较高；乙二醇再生蒸汽回收系统冷凝处理水中含有芳烃，包括苯、甲苯、乙苯和二甲苯(BTEX)等部分可溶于采出水的物质。

重力分离器装置难以去除溶解油，因此，如果采出水中溶解油的含量很高，则油和油脂总含量高的水可不经此类装置处理；可将其循环并导入燃油分离器，以减少水中的溶解油含量。其他处理技术目前仍处于评估阶段，还无法进入商业应用。这些技术包括生物处理、吸附膜和溶剂萃取技术。

6.4 实验室测试

水处理设施设计之前的计划阶段，有必要进行水测试分析，以了解可溶及分散油滴含量。如果设计工程师在未获得待处理特定采出水的实际水测试分析数据的情况下设定溶解油含量，其设计的污水处理无法满足相关管理标准。

6.5 分散油

分散油滴直径通常介于0.5~200μm之间。该参数非常重要，其是影响采出水处理效果的关键参数之一。根据斯托克斯定律，油滴的速率与油滴直径的平方成正比。

对于基于斯托克斯定律运行的设备，油滴的直径对分离器和油水分离有着重大影响。

脱油装置或系统的处理能力随油滴直径的减小而减小。

油滴直径分布是采出水的基本特征之一，在设计和确定处理系统规格时需加以考虑，以便使其符合污水处理标准。

油滴分布柱状图(见图1-1)提供的信息包括不同直径范围的颗粒所占比例；不同直径范围的数量和大小由库尔特计数器等计数设备确定；垂直柱的高度对应着每个直径范围内油滴的体积比例；根据每个直径范围的中值可将块体的顶部相连，从而可得一条颗粒直径分布曲线。

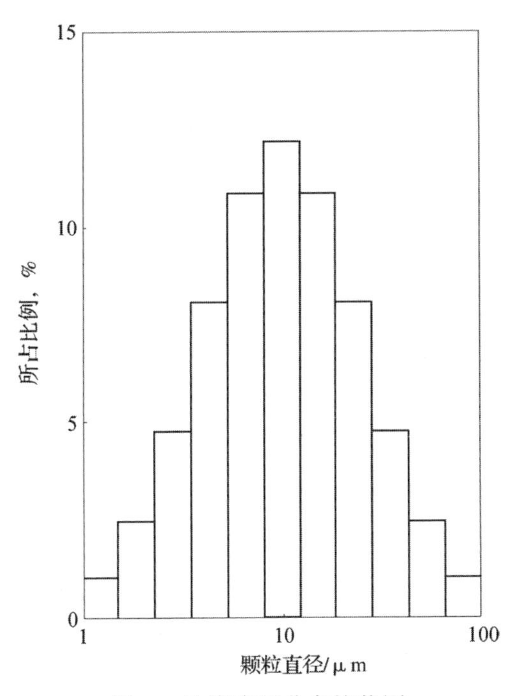

图1-1 油滴直径分布柱状图

在油体积分布曲线(见图1–2)中，颗粒体积比例等于或小于绘制的每个特定颗粒直径(纵轴为累计占比，0～100%)。

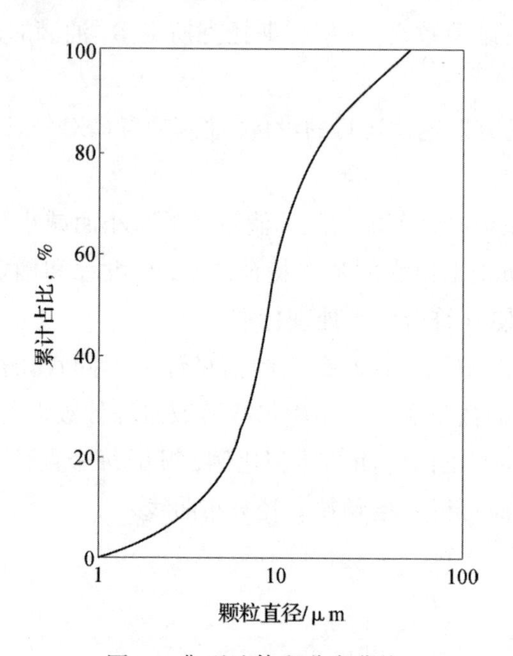

图1–2 典型油体积分布曲线

采出水系统的油滴直径分布可能随不同的点、不同的系统而不同。

直径分布受表面张力、紊流、温度、系统剪切力(泵、管连接处压降等)和其他因素的影响：

分散油滴的参数应在系统故障排除和/或升级时(如有可能)现场测量。

在没有数据的情况下，图1–3所示的广义关系适用于油滴直径分布。

由于是线性分布，小直径油滴的体积占比较大。

这一关系是大致的估算结果。如有可能，一定要采用现场数据。

在没有现场数据时，对于三相分离器处理的采出污水，最大油滴直径为250～500μm，油含量为1000～2000mg/L；对于单相除油设备，可假设流入最终处理设备流入口的采出水油滴总含量小于100mg/L，油滴直径为30μm。

相同区域同类设施的设备运行经验可视作可靠数据，以用于估算流入口

油含量和油滴直径。

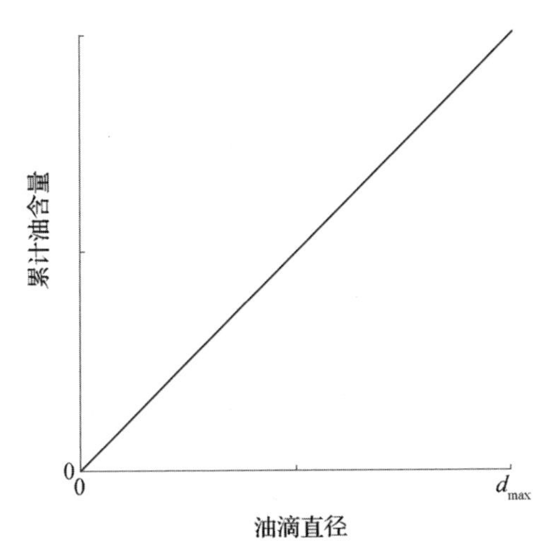

图1-3 用于设计的油滴直径分布

7 系统描述

表1-2列出了采出水处理方法及每种方法所对应的设备类型。

表1-2 采出水处理设备一览

方 法	设备类型	可去除的液滴直径/μm
重力分离	除油罐和容器	100～150
	API分离器	
	处理柱	
	除油柱	
板聚结	平行板隔油器	30～50
	波形板隔油器	
	错流分离器	
	混流分离器	
强化聚结	沉淀器	10～15
	过滤器/聚结器	
	无压紊流聚结器	
气 浮	溶解气	10～20
	水力分散气	
	机械分散气	

续表

方法	设备类型	可去除的液滴直径/μm
强化重力分离过滤	水力旋流器	10~30
	离心机	
	多介质膜	1+

图1-4给出了典型的采出水系统规格。

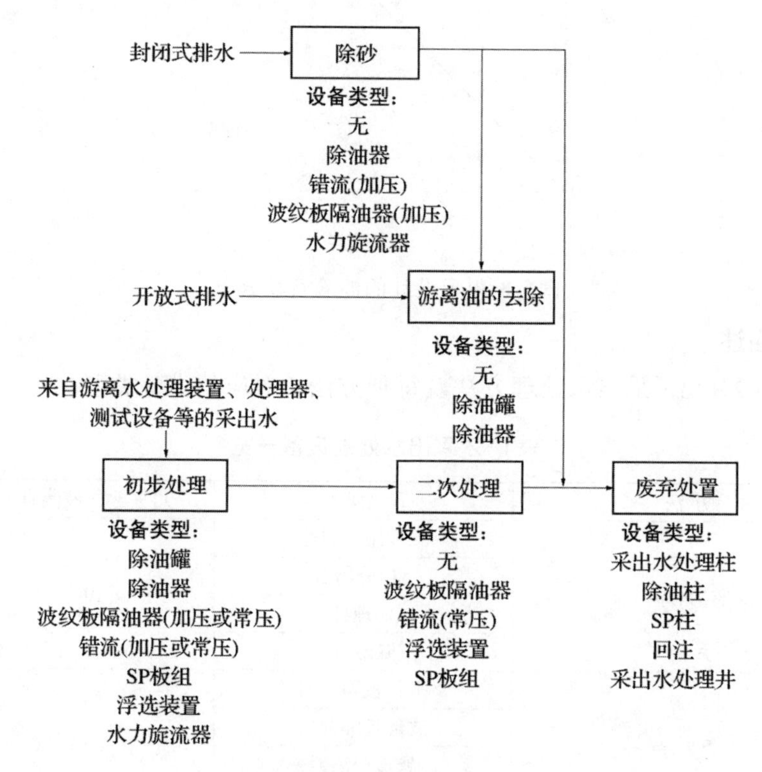

图1-4 典型的采出水处理系统

采出水处理前一般都要进行初步处理，然后再根据处理所遇问题的严重性决定是否进行二次处理。

海上采出水处理后可直接通过管道排放入海，或通过处置柱或除油柱排放。甲板泄水机中的水必须进行处理，以去除浮油。通常用沉淀罐的除油器撇掉，水则与来自沉淀罐的水或采出水混合，或单独向海里排放。

陆上采出水通常回注入地层，或泵入废弃井。

排水暗管绝不可与常压管相连；在接入常压除油罐或之前，应先与压力罐相接；应在压力容器(有无波纹板隔油器或错流分离器均可)的除油罐内进行处理。

8 理论

水处理装置的功能是使连续水相中的分散油滴与水分离并浮于水面，从而将其去除。

在重力分离装置中，因相对密度不同，油浮于水面；油滴通过地面油嘴、管道、控制阀和处理设备沿井筒上行时，油滴不断被分散又聚结。当能量输入速度高时，油滴分散为更小的油滴；能量输入速度低时，小油滴结合并聚结。

常见采出水处理设备的设计中常涉及以下三种基本现象：重力分离、聚结和浮选。

分散虽然也对设计有影响，但属于可控因素。

过去曾尝试过滤，但维护成本太高，不符合要求。

8.1 重力分离

大多数常用的水处理设备都基于重力原理实现油水分离。

油滴比其驱替的同体积的水轻，因而受浮力作用，油滴垂直穿行于水中会时受到重力的拖曳。当两个力相当时，油滴的速度达到恒定。根据斯托克斯定律，这个速度可按下式计算。

油田常用单位：

$$V_{\mathrm{r}}=\frac{1.78\times10^{-6}(\Delta SG)d_{\mathrm{o}}^{2}}{\mu_{\mathrm{w}}} \tag{1-1a}$$

国际单位：

$$V_{\mathrm{r}}=\frac{5.6\times10^{-7}(\Delta SG)d_{\mathrm{o}}^{2}}{\mu_{\mathrm{w}}} \tag{1-1b}$$

式中：V_{r}为油滴上升速度，m/s(ft/s)(1ft≈0.3048m，下同)；d_{o}为油滴直径，μm；ΔSG为油水相对密度之差(相对于水)；μ_{w}为连续水相的黏度，cP(1cP=1mPa·s)。

根据斯托克斯定律可得出如下结论：油滴直径越大，其直径的平方越大，

因此垂直运动速度也就越大；油滴和水相密度差越大，垂直运动速度也就越大；温度越高，水的黏度越低，垂直运动速度越大。

8.2 聚结

与分散过程相比，水处理系统中的聚结过程对时间的依赖性更大。

在混相液的分散过程中，两个液滴相撞立即聚结的情况很少见。

如果一对液滴暴露于不断变化的紊流压力下，液滴间产生的振动动能比它们之间的黏附能大，因此它们无法很好地聚结。

如果系统中的能量输入过大，就会发生下文所述的分散过程。

如果没有能量输入，则可聚结的液滴相撞频率也低，聚结发生的速度也很慢。

对于大多数水处理设备，除了浮选装置和水力旋流器，主要设备都是罐。油滴在其中因重力作用而上升至水面。

从工艺角度来看，这些设备都被称为“袋式重力沉降器”。通过对袋式重力沉降器进行实验，可得出如下结论：滞流时间延长一倍，仅能将重力沉降槽捕获的最大油滴直径提高10%；分散相(油)越稀薄，获得所需颗粒直径油滴的滞留时间就越长，也就是说，在较稠的分散相中，聚结作用发生得更快。这些结论表明沉降槽经最初的聚结阶段之后，额外增加液体在槽内的滞留时间对聚结和油滴捕获助益不大。

8.3 分散

分散是指不连续相(油)变成小液滴并在连续相(水)中分布的过程。

短期内向系统输入大量能量可启动分散过程。输入的能量克服两个混相流体的自然趋势，就能将两个流体间的接触表面降至最小。分散过程与聚结过程正好相反。在聚结过程中，小液滴通过相撞形成大液滴。

油水混合流过管道时，这两种过程同时发生。在管道中，当运动的动能大于单个液滴与其所形成的更小的两个液滴之间的表面能之差时，油滴分散成更小的油滴。这一过程发生时，更小油滴的运动会导致聚结。因此，当聚结速度与分散速度相等时，对于每单位质量和时间的已知输入能量，统计学上可以定义一个最大的油滴直径。

Hinze提出最大颗粒直径可以按下公式表述：

$$d_{max} = 432(t_r/\Delta P)2/5(\sigma/\rho_w)3/5 \tag{1-2}$$

式中：d_{max}为最大油滴直径(可被去除的、大于此直径的油滴体积仅为5%)，μm；σ为表面张力，dyne/cm(1dyne=10^{-5}N，下同)；ρ_w为密度，g/cm^3；ΔP为压降，psi(1psi≈6.895kPa，下同)；t_r为滞留时间，min。

式(1-2)表明，压降越大，在给定时间内流过处理系统的流体经历的剪切力越大，最大油滴直径越小。在通过喷嘴、注孔、节流球阀、除砂器等时，短距离内流体会出现大幅压降，会导致小液滴的形成。

式(1-2)可用于确定存在控制阀或任何其他可能导致大幅压降情形下的最大液滴直径。

分散过程在理论上并不是瞬间发生的。但根据油气田现场经验，这一过程的发生很迅速。

设计时，可设定无论发生多大的压降，所有直径大于d_{max}的液滴都将瞬时分散。

式(1-2)并不能直接用于预测管道内因分散过程发生而出现高压下降的液滴聚结。这是由于根据式(1-2)确定的d_{max}取决于时间的长短，目前尚无法预测形成d_{max}所需的时间。

8.4 浮选

浮选过程：向水相中注入微气泡；水中油滴黏附于气泡；油滴浮力因气泡的出现而大幅增加；油滴随气泡浮到水面，形成泡沫而被撇去。

该方法的实验结果表明：极稀的悬浮液中极小的油滴(>10μm)可被去除；短时间内就可获得高除油率(90%以上)。

图1-5展示了单室和三室水力感应器分散气浮选装置的截面图。

来自流出口的清水被泵入循环管(E)，循环管与一系列气体感应器(B)相连；流过感应器的水吸取蒸发空间(A)中由喷嘴(G)释放出的小气泡；气泡上升，在浮选室(C)内浮选，形成泡沫(D)，被机械装置(F)撇出。

开发一个精确的数学模型来描述本截面图所示的过程非常困难，但通过一些假设我们仍然能够开发定性模型来研究上述浮选室的效率，以了解不同

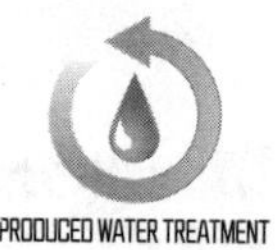

参数的重要性。

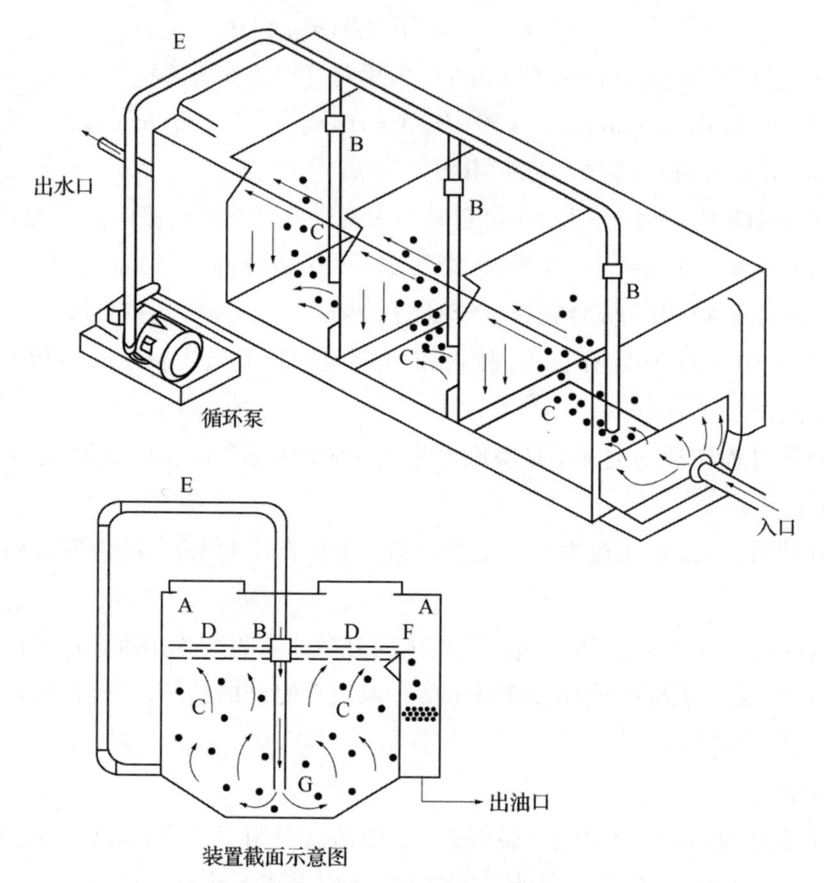

图1-5 置有感应器的分散气体浮选装置

A—蒸发空间；B—气体感应器；C—浮选室；D—泡沫；E—循环管；F—除油；G—喷嘴

定型浮选室的效率可通过公式(1–3)～(1–5)大致计算得出。这些公式为浮选室效率不同参数的作用提供一个定性的大致描述。下文未列出单位，但使用这些公式时，参数的单位应保持一致。

$$E=(C_i-C_o)/C_i \tag{1–3}$$

$$E=K(Q_w-K') \tag{1–4}$$

$$E=(6\pi K_p r^2 h q_g)/(q_w d_b) \tag{1–5}$$

式中：E为浮选室效率；C_i为进油含量；C_o为出油含量；Q_w为液流速度，bbl/d(1bbl≈159L，下同)；K_p为传质系数；r为混合区半径；h为混合区高度；q_g为气流速度；q_w为流过混合区液流速度；d_b为气泡直径。

从公式(1–5)可见，去除效率与流入物的油含量或油滴直径分布无关；气泡直径减少、气流速度不变，效率提高；增加气流速度可提高效率；增加整体流速会降低效率。

公式(1–5)的应用取决于由生产厂商制定的浮选单元的设计细节和传质流系数(该系数随液体的组成和化学处理方式的不同而变化)，因此不能直接应用。

大多数厂商在设计其每个浮选室时都力求使其效率超过50%。

多室浮选单元的整体效率可从公式(1–6)计算得出：

$$E_t=1-[1-E]^n \tag{1-6}$$

式中：E_t为整体效率；n为阶段或室的数量。

如每阶段平均设计效率大于50%，则不同浮选室数量对应的效率如下(见表1–3)：

8.5 浮选室数量

多数浮选单元由3个或4个小室组成。对小规模水处理而言，浮选室数量多不利于成本控制(见表1–3)。

表1–3 不同浮选室数量对应的效率

浮选室总数量	效率(E_t)
1	0.50
2	0.75
3	0.87
4	0.94
5	0.97

停留时间：每个浮选室必须确保处理物有一定的停留时间，以使气泡有足够的时间升至液体表面；建议每个室中处理物的最短停留时间为1min。

流体问题：水流经单元时越平稳，则单元的工作效果越好；建议采用容器

液位控制器来控制浮选单元系统上游装置的液面。

8.6 过滤

经认真选取的过滤介质应能使采出水内的小油滴接触并黏附在介质的过滤纤维上。

根据介质设计和厚度的不同，这些油滴或被介质捕获，或最终因与其他液滴相接触而“变大”。液滴足够大时，会被流经介质的水流携走。

这些大油滴更易于在系统下游的介质中进行重力分离，这个过程被称为“过滤/聚结”。

过滤介质也可设计为油滴滴落型。这样的介质应定期清理，方法是停止流动进行逆冲洗，即短时间内让流体高速反方向流过介质；也可使用第二部分所述的标准过滤装置。

9 设备描述及规格

9.1 除油罐和除油器

9.1.1 概述

最简单的初步处理设备是除油罐或除油器(见图1–6)，其设计意图是在设备内为液滴提供足够长的停留时间，以便其聚结和被重力分离。

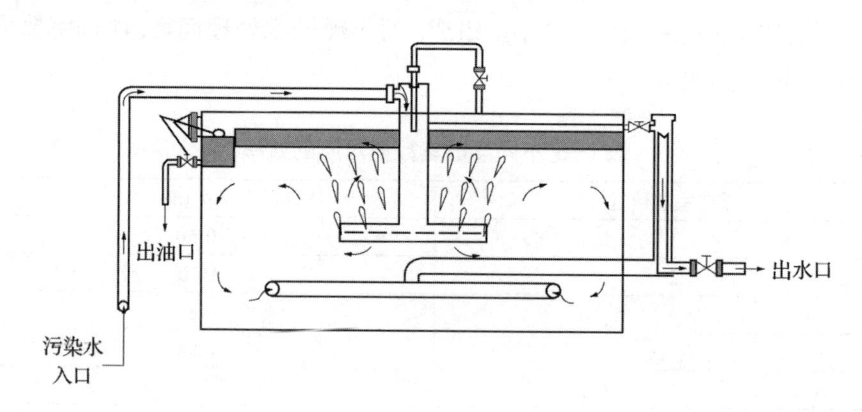

图1–6 除油罐示意图

除油罐可用作敞口(常压)罐、低压容器、其他水处理设施前的缓冲槽。

该术语的应用有时会出现混淆。除油(澄清)罐用于去除分散油滴；沉淀罐

的主要目的则是过滤固体颗粒；冲洗罐则用作自由水分离器或油水分离器，主要用于处理油含量为10%～90%的流入物，实现油水的初步分离，然后将处理物输入除油(澄清)罐或其他装置，以去除剩余油。

如果已知出口油含量(mg/L)要求，则可据此确定除油器的理论直径。

与分离不同的是，除油器不能忽视振动、紊流、短流等对其运行的影响。

美国石油学会(API)标准421(API Publication 421)《水排放管理：油–水分离器设计和运行(Management of Water Discharges: Design and Operation of Oil–Water Separators)》所允许的最大短流系数(short–circuit factor)为1.75，是许多处理装置尺寸计算公式推导的基础。

9.1.2 结构

除油器有立式、卧式两种结构。

9.1.2.1 立式结构

立式除油器中的油滴逆着向下流动的水流上行。一些除油器设有入口撒布装置和出口收集器，使流体均匀分布(见图1–7)。

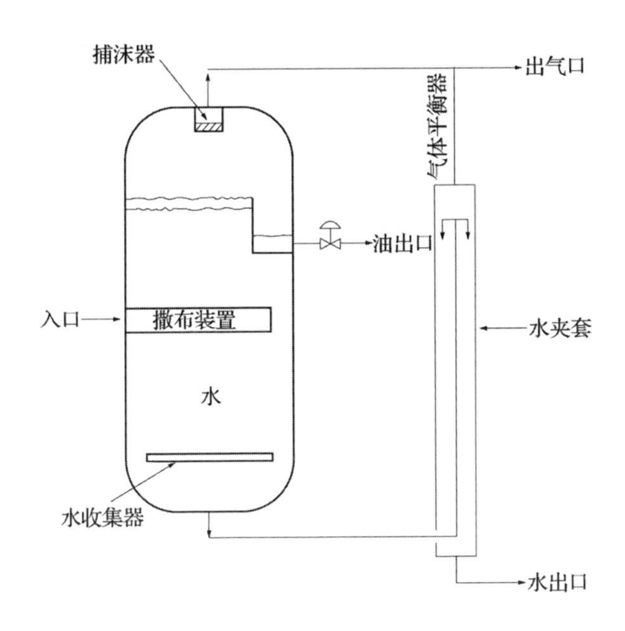

图1–7 垂直除油器示意图

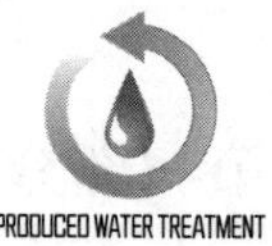

油、水和烃气都有助于油滴上浮。

在撒布装置和水收集器之间的静水带内，可能发生油滴聚结，并受浮力作用逆水上行至液面后被收集和撇除。

这油垫的厚度取决于挡油板和水夹套的相对高度，以及两种液体的相对密度之差。

实际应用中，水夹套常被界面液位控制器所取代。

9.1.2.2 卧式容器

种卧式结构容器中，油滴与水流方向呈垂直方向上行(见图1–8)。

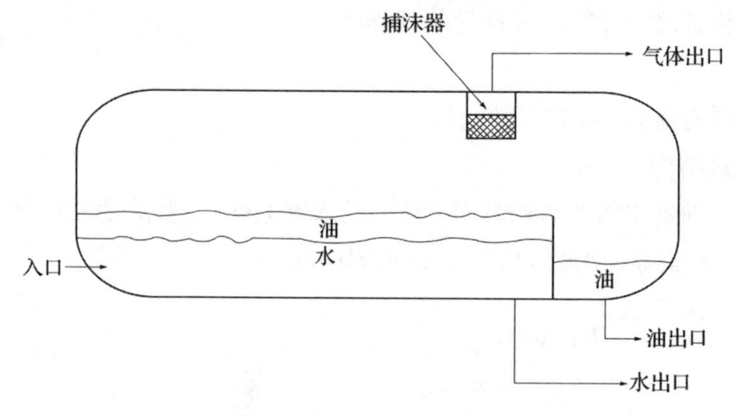

图1–8 水平除油器示意图

流入物经入口进入水区，其中的烃类气体可在浮选单元中起到溶解气的作用。在容器的大部分长度内，水以水平方式流动。安装挡板可调直水流。

处理物中的油滴在此聚结并上升至油水界面，再被捕获并最终在挡油板处被撇出。

油柱的高度可通过液面、图1–7所示的水夹套或者安装桶和挡板进行控制。

用卧式容器进行水处理更为有效，原因是其中的油滴无需与水逆流。

立式除油器主要用于两种情况：一是必须处理砂和其他固体颗粒，此时可通过出水口或底部的排水砂桩将砂排出。实验表明，安装了精心设计的排砂桩的大型卧式容器价格昂贵，现场运行成功率也不高。二是有可能出现浪涌时，立式容器受浪涌导致液面过高而被关停的可能性较小，而与立式容器液量参数相等或甚至更大的卧式容器内稍有浪涌就可能触发液面探测器，导致关停。在容器内安装消速板可将关停的可能性降至最小。

选择容器时应考虑到立式容器也有缺点，如没有特制的平台和梯子无法接近压力除油器及一些控制阀；搬运时如遇高度限制，还需将容器的滑轨去除。

9.1.3 压力容器和常压容器的选择

在压力容器和常压容器中进行选择，不仅仅取决于水处理要求，还必须考虑到系统的整体需求。

压力容器比常压罐昂贵，但是在下列情况下仍推荐使用压力容器：常压排气容器因上游卸载系统窜气造成回压过大时；水必须接较高处的系统进一步处理时，如果安装了常压容器，就必须加装一台泵。

考虑到常压容器易发生超压和喷气等风险，下游处理应选用压力三相分离器等压力容器为佳。

每一项应用的成本/收益决策都必须考虑到系统要求，分别进行。

9.1.4 停留时间

除油罐通常用于采出水的初步处理。在进入除油罐入水口的水中，油含量约介于500~10000mg/L之间；采出水在罐内的停留时间至少应达到10~30min，以避免浪涌影响系统的正常运行，同时可促进油滴聚结；除油罐可去除的液滴最小直径介于100~300μm之间。

如大于此最短停留时间，成本–收益将受到影响。

停留时间较长的除油罐需要安装挡板，以分流和消除短流。

示踪研究表明，除油罐，包括那些安装了精心设计的入口撒布器和出口挡板的除油罐，都出现过短流和流态不佳的情况。这可能与密度和温度差别、固体颗粒沉淀和撒布器腐蚀等因素有关。

图1–9为装有挡板的立式除油罐的示意图。

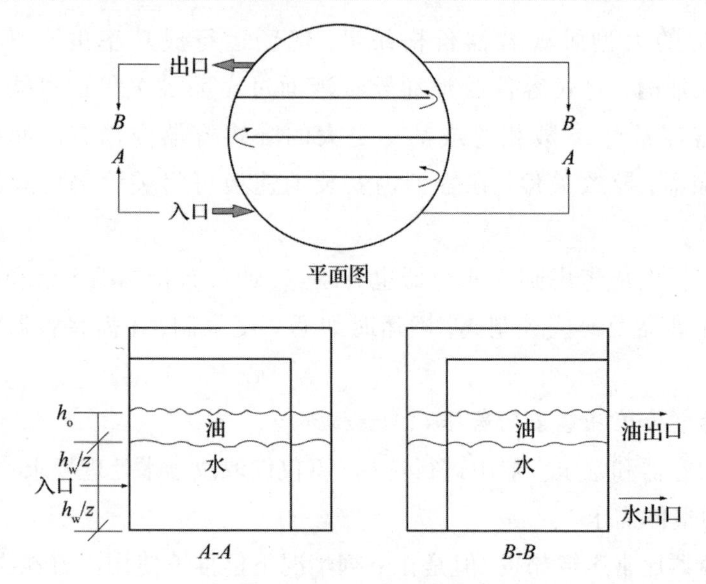

图1-9 装有挡板的立式除油罐示意图

9.1.5 运行

除油罐的工作效率受多种因素的影响，但较重要的则有：精心设计的入口和出口分流器可大幅提高除油罐的工作效率；入口水温高可减小水的黏度，从而提高除油效率；短、宽、厚实的除油管好于高、细形状的罐，因为前者下行水的速度较慢，有利于油水重力分离。

由于短流现象的存在，未装挡板的除油罐工作效率不高。水平挡板可提高除油罐效率，但为了获得最佳效果，挡板的安装应尽可能水平，维护时需格外谨慎，以免挡板发生移动。

除油器的上游常加入水处理化学剂，如凝絮剂。这些化学剂可与小油滴黏合，将之携至除油器油水界面后被有效去除；但如果化学剂的加入量控制不严格，特别是在水的流速减慢时，絮凝剂过量可能导致油水界面出现泡沫层；这些泡沫可能导致液面控制器失灵，使油溢出。

在下列情况下推荐使用除油器：为保护下游采出水处理设备而需要让分离器内压力下降时；需要在分离器(上游)和采出水处理装置(下游)进行水的脱气操作、收集大块油污或控制浪涌时；现有装置可改装或有足够的空间容纳一

台新装置时；入口油含量较高且进入下游处理装置的污水中油含量必须降至250mg/L时；入口流体中含有固体颗粒污物。

以下情况不建议使用除油器：流入物内的油滴直径大多小于100μm时；直径和重量是设计时需着重考虑的因素时；海上装置(平台、张力支柱等)移动可能在除油器中形成波浪时；与其他平台连接的管线过长，水温极低时。

9.1.6 除油器直径公式

9.1.6.1 卧式柱形除油器

此型除油器处理在50%流量时，其直径和长度可由斯托克斯定律以及1.8的紊流和短流系数计算得出：

① 沉降标准

油田常用单位：

$$dL_{\mathrm{eff}} = \frac{1000\beta_{\mathrm{w}}Q_{\mathrm{w}}\mu_{\mathrm{w}}}{\alpha_{\mathrm{w}}(\Delta SG)(d_{\mathrm{m}})^2} \tag{1-7a}$$

国际单位：

$$dL_{\mathrm{eff}} = \frac{1145734\beta_{\mathrm{w}}Q_{\mathrm{w}}\mu_{\mathrm{w}}}{\alpha_{\mathrm{w}}(\Delta SG)(d_{\mathrm{m}})^2} \tag{1-7b}$$

式中：d为容器直径，mm/in(1in≈25.4mm，下同)；Q_{w}为水流速度，$\mathrm{m^3/h}$(或bbl/d)；μ_{w}为水的黏度，cP；d_{m}为油滴直径，μm；L_{eff}为分离发生的有效长度，ft(m)；ΔSG为油水相对于水的相对密度；β_{w}为容器内水的高度所占分数；α_{w}为水横截面积所占分数。

任何符合沉降标准公式的L_{eff}和d的设计组合，都足以使水中直径等于或大于d_{m}的油滴发生沉降。

水柱高度所占分数和截面所占分数的关系见下式：

$$\alpha_{\mathrm{w}} = \left(\frac{1}{180}\right)\cos^{-1}[1-2\beta_{\mathrm{w}}] - \left(\frac{1}{\pi}\right)[1-2\beta_{\mathrm{w}}]\sin[\cos^{-1}(1-2\beta_{\mathrm{w}})] \tag{1-7c}$$

在确定除油器内水柱高度所占分数后，相应的截面所占分数就可通过上式计算得出，得出的值可代入式(1-7a)和式(1-7b)。

② 停留时间标准

除沉降标准外，最短停留时间应能保证油滴聚结的发生。

如前文所述，当油滴直径较大时，延长停留时间实现聚结并不经济；但将初期停留时间延长，有时可经济、高效地提高油滴直径分布。

停留时间通常介于10~30min之间。无法进一步提高油滴聚结效果的除油器，建议其停留时间不小于10min。

为确保为容器选择合理的停留时间，需满足下式。

油田常用单位：

$$d^2 L_{eff} = \frac{(t_r)_w Q_w}{1.4\alpha_w} \tag{1-8a}$$

国际单位：

$$d^2 L_{eff} = 21000\frac{(t_r)_w Q_w}{\alpha_w} \tag{1-8b}$$

式中：$(t_r)_w$为停留时间，min。

通过选择式(1-8)和式(1-9)中不同的d和L_{eff}值，就可得出正确的容器直径和长度选择。

对每个d值，应采用较大的L_{eff}值方可满足两个公式。

③ 缝-缝长度

除油器的L_{eff}和缝-缝长度之间的关系取决于除油器的内部结构设计。

缝-缝长度的近似值可通过以下经验公式求取：

$$L_{ss} = (4/3)L_{eff} \tag{1-9}$$

式中：L_{ss}为缝-缝长度，ft(m)。

在特定情况下，如对于大直径除油器，该近似值的应用应有一定限制，L_{eff}应由式(1-9)计算，但得出的值必须等于或大于下式的计算结果。

油田常用单位：

$$L_{ss} = L_{eff} + 2.5 \tag{1-10a}$$

国际单位：

$$L_{ss} = L_{eff} + 0.76 \tag{1-10b}$$

油田常用单位：

$$L_{ss} = L_{eff} + (d/24) \tag{1-11a}$$

国际单位：

$$L_{ss} = L_{eff} + (d/2000) \tag{1-11b}$$

式(1–10)适用于L_{eff}小于7.5ft(2.3m)时的情况。其原因是采出水在自由排放之前的处理容器的长度有下限规定。

式(1–11)适用于容器直径的1/2大于计算得出的L_{eff}值1/3时的情况，这可确保在短粗(大直径)容器内也能实现流体的均匀分布。

9.1.6.2 卧式矩形截面除油器

卧式矩形截面除油器的宽度和长度可依据斯托克斯定律计算，紊流和短流效率系数为1.9。

① 沉降标准

油田常用单位：

$$WL_{eff} = \frac{70Q_w\mu_w}{(\Delta SG)d_m^2} \tag{1-12a}$$

国际单位：

$$WL_{eff} = \frac{950Q_w\mu_w}{(\Delta SG)d_m^2} \tag{1-12b}$$

式中：W为宽度，ft(m)；L_{eff}为油气分离发生时容器的有效长度，ft(m)。

式(1–12a)和式(1–12b)与高度无关，因为油的沉降时间和水的沉降停留时间都与高度成比例关系。

② 标准停留时间

通常，水体的高度不大于其宽度的1/2才能确保良好的流体分布。根据这一假设可推出下式，以便其得出的停留时间足以实现目的。

设容器高宽比为1/2，则适用下列计算停留时间的公式。

油田常用单位：

$$W^2L_{eff} = \frac{0.004(t_r)_wQ_w}{\gamma} \tag{1-13a}$$

国际单位：

$$W^2L_{eff} = \frac{(t_r)_wQ_w}{60\gamma} \tag{1-13b}$$

式中：γ为高宽比，即H/W(W和L可通过图解法求取，设水流的高度H等于0.5W)。

③ 缝–缝长度

卧式柱状除油器L_{eff}和L_{ss}的关系取决于其中部设计。

矩形除油器L_{ss}的近似值可通过式(1–9)和式(1–10)求取。

但是，L_{ss}必须受限于下式：

$$L_{ss}=L_{eff}+(W/20) \tag{1–14}$$

同上，L_{ss}的值在式(1–9)、式(1–10)和式(1–14)中最大。

9.1.6.3 立式柱状除油器

在确定立式柱状除油器的直径时，可按下式求取，设油的上升速度等于平均水流速度。

① 沉降标准

油田常用单位：

$$d^2=\frac{6691FQ_w\mu_w}{(\Delta SG)d_o^2} \tag{1–15a}$$

国际单位：

$$d^2=\frac{6.365\times10^8FQ_w\mu_w}{(\Delta SG)d_o^2} \tag{1–15b}$$

式中：F为紊流和短流系数，F=1[直径<48in(1.2m)]或$F=d/48$[直径>48in(1.2m)]；d为容器直径，in。

将之代入式(1–15)可得：

油田常用单位：

$$d^2=\frac{140FQ_w\mu_w}{(\Delta SG)d_o^2} \tag{1–16a}$$

国际单位：

$$d^2=\frac{5.3\times10^9FQ_w\mu_w}{(\Delta SG)d_o^2} \tag{1–16b}$$

② 标准停留时间

立式除油器内水柱的高度可根据所选取的d值和需要的停留时间来确定：

油田常用单位：

$$H = \frac{(0.7)\,t_w Q_w}{d^2} \tag{1-17a}$$

国际单位：

$$H = \frac{21218 t_w Q_w}{d^2} \tag{1-17b}$$

式中：H为水柱高度，ft(m)；d为容器直径，in(mm)；t_w为停留时间，min；Q_w为水流速度，bbl/d(m^3/h)；

③ 缝–缝长度

立式和卧式除油器中油垫的高度通常介于2～6in(50～150mm)之间。

除油器的目的是将水中的油去除，使处理过的水尽可能的清洁。从除油器脱除的油的品质是次要考虑因素；除油器流出的油流中通常含有20%～50%的水。

实现除油器水处理能力最大化是最终目的，应确保最小油垫厚度。

9.2 聚结器

9.2.1 概论

业界研发了几种不同类型的装置以促进分散小油滴的聚结。这些装置或采用与除油器类似的重力分离原理，通过聚结提高油水分离效果；或与除油器的功能相同或更强。

9.2.2 板式聚结器

板式聚结器的结构设计有多种，常见的有平行板隔油器(以下简称PPI)、波纹板隔油器(以下简称CPI)、错流分离器。它们依靠重力分离，使油滴上升至隔油器表面，并在此聚结而被捕获。

这些装置克服了除油罐在直径和重量方面的劣势，通过提高油滴的聚结效率，从而大大提高油滴的上升速度。

板式聚结器需要的截面积较小，因此与除油罐相比，具有重量和空间优势。

如图1–10所示，流体在与以0.5～2in(1.2～5cm)间隔排列的平行板接触时被分流。为更好地捕获油滴，隔油器通常与水平方向呈倾角放置，以便提高油滴

聚结作用，形成油膜，并引导油流至顶部进入导管，防止其与水再次混合。平行板的作用是为油滴聚集和固体颗粒沉降提供场地。

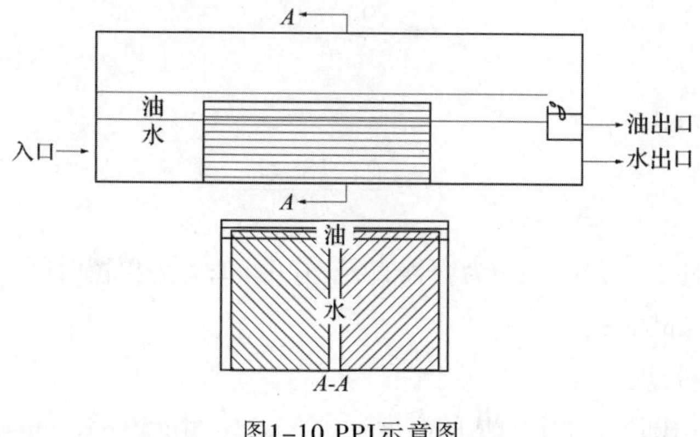

图1-10 PPI示意图

如图1-11所示，进入聚结板之间空间的油滴遵循斯托克斯定律上行；其前进的速度与总水流速度相同。

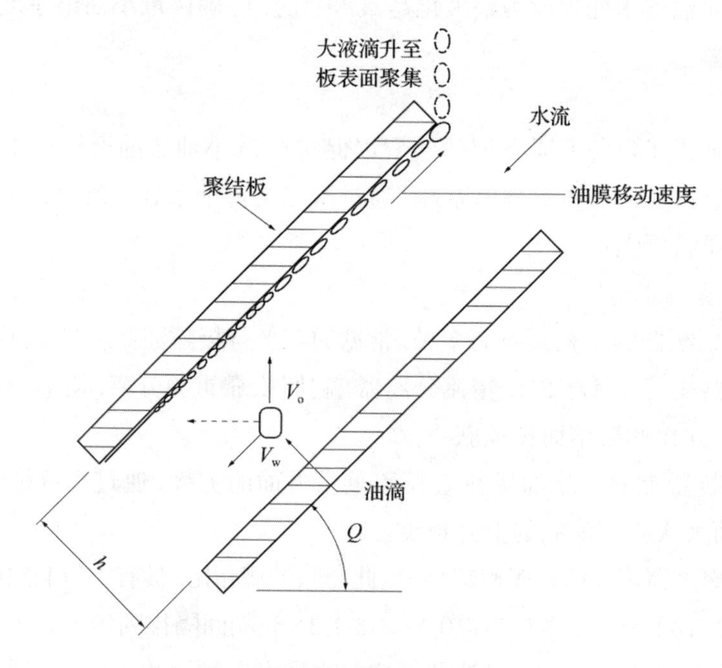

图1-11 板式聚结器工作截面图

求得流体底部的颗粒上行至流体顶部并抵达聚结板所需的垂直速度，就可确定油滴直径。斯托克斯定律适用于直径介于1~10μm的油滴。

现场经验表明：可被去除的液滴理想直径不应小于30μm。低于此直径的液滴易受压力微波动、平台震动等因素影响而不能顺利上行至聚结板面。

9.2.3 平行板隔油器(PPI)

第一种类型的板式聚结器请参看图1-10。

PPI内装有一系列平行于API分离器(根据美国石油协会标准制造的油水分离器)(卧式矩形截面除油器)纵轴的聚结板(见图1-12)。沿流动轴看可见聚结板形成“V”字型，油膜可沿其反(下)面上行至正面。沉降物向中部行进再降至分离器的底部被去除。

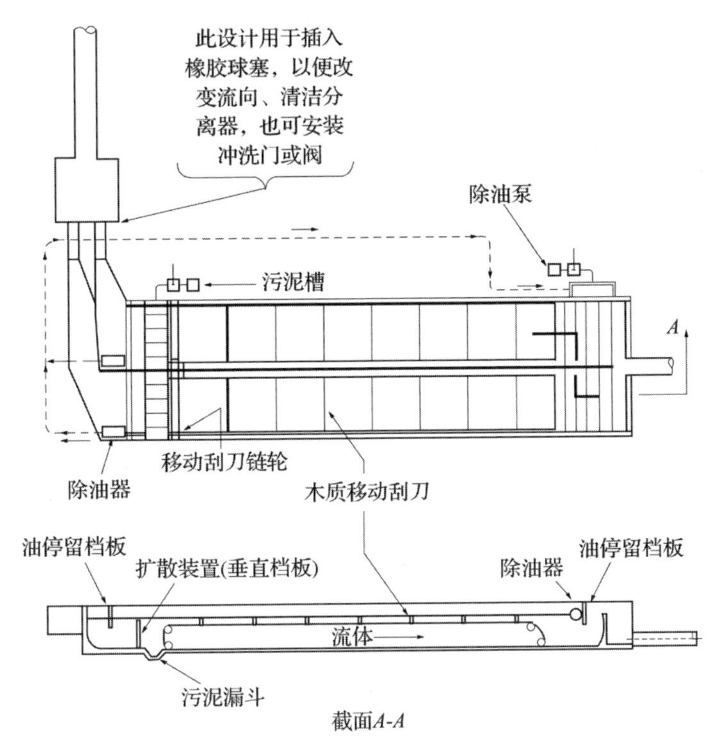

图1-12 API油水分离器(致谢美国石油协会)

聚结板间距小可使容器纳入更多的聚结板，也可为油滴接触聚结提供尽

可能大的面积，但同时也加大了固体颗粒堵塞两板之间空间的可能性。权衡利弊，较合理的板间距为0.75in，板的倾角通常为45°。

9.2.4 波纹板隔油器(CPI)

波纹板隔油器是生产中最常用的平行隔油器，是平行板隔油器的升级版。与平行板隔油器相比，CPI能去除相同直径的颗粒，但所占的空间更少，处理沉降物也更加容易，价格更低廉。

图1–13为典型的顺流CPI。水经入口喷嘴(①)进入，固体颗粒下沉并在初级汇集箱(②)内沉降；水和油则上行，经过钻孔的分流挡板(③)；波纹板组(④)接入含油水；油滴脱离流体，沿板脊反面行进，并聚结成膜，然后逆水流上行；油膜可以稍厚，直至其流经调节坝(⑤)进入集油箱后被去除；轻固体颗粒和淤泥的分离同时完成，并落入底部(⑥)排水沟和收集槽被去除。水流出CPI板组后，前行流入调节坝并进入水去除箱；水出口上方设有二次除油出口(⑧)；装有衬垫的盖板(⑨)主要用于气层覆盖作业；另外，还设有大排量排气管(⑩)。平行板是波纹状的，与屋顶材质相似，波纹轴平行于处理液流动方向。

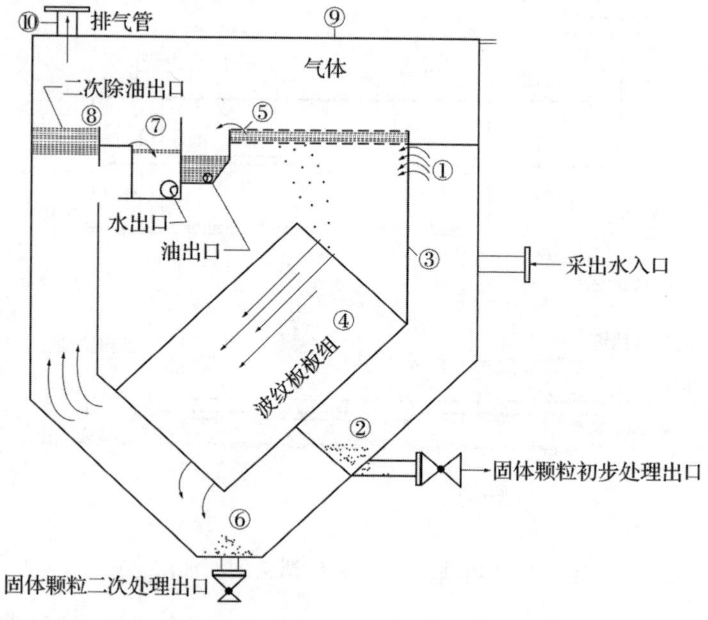

图1–13 典型的顺流CPI设计的流动示意图

图1–14为典型板组示意图。板组由箱式框架构成，整体倾斜45°，以使水流向下；油膜逆水流上行并在每个波纹褶皱顶部处汇集；汇集的油抵达板组末端，在汇集槽聚集，最后到达油–水界面。

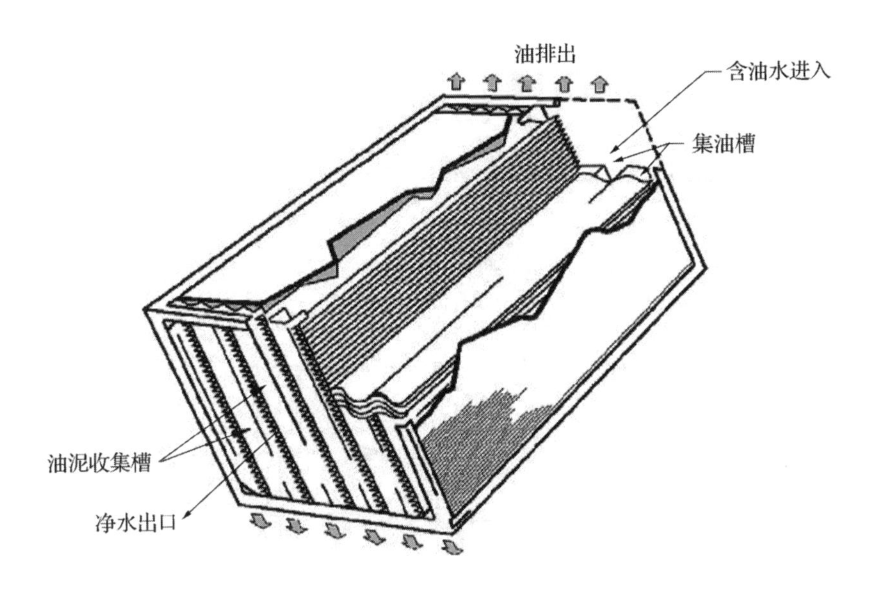

图1–14 CPI板组示意图

对于砂或沉淀物较多的产区，水在进入标准顺流CPI处理前应先除砂，这是因为板聚结所要求的层流态，将使砂粒在隔油器内大量沉降。现场应用也表明，油湿砂可能黏着在标准45° 倾角的挡板上造成堵塞；安装在板组末端的集砂管可能导致紊流，进而影响处理程序的顺利进行，并且该装置本身也可能出现砂堵情况。

为了消除上述问题，可能需使用“升流”CPI(见图1–15)。采用波纹板的最小间隔为1in(2.5cm)，倾角为60°。图1–16比较了升流和顺流CPI板组内的流态。

CPI板式分离器的主要部件有：分离槽、板组、油和流出物坝、槽盖、固体颗粒料斗和进出口喷嘴。

分离槽及其中部部件特征未：由厚度为3/16in以上的碳钢板构成；槽缘为焊接而成；所有碳钢材质的内外表面均采用磨砂处理并涂有环氧树脂漆。

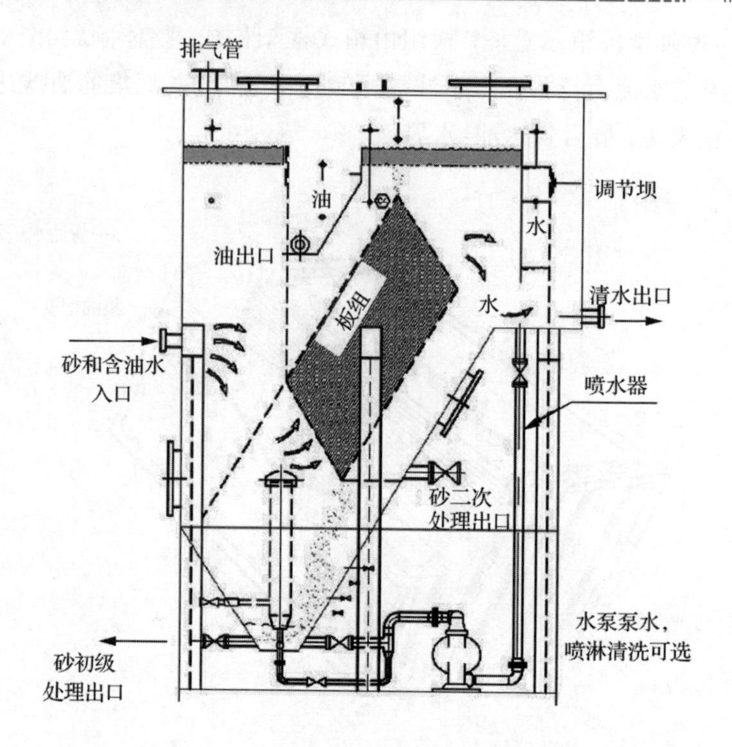

图1-15 典型升流CPI流态示意图

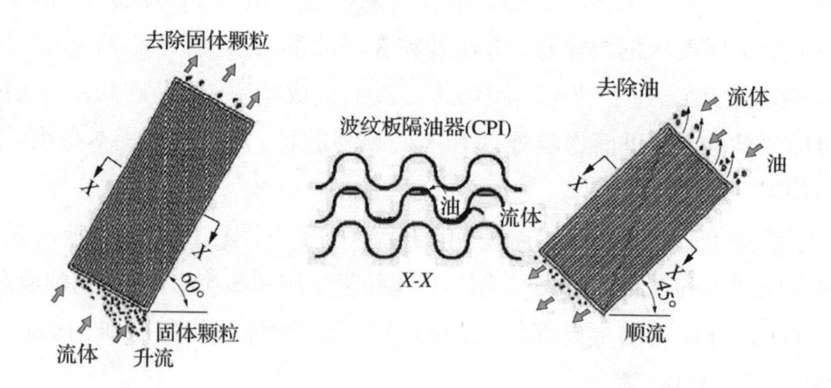

图1-16 顺流与升流对比

CPI板组的材质包括氯化聚氯乙烯(CPVC)、聚氯乙烯(PVC)、聚丙烯(PP)、玻璃钢强化聚酯、碳钢、镀锌钢、各级不锈钢；

CPI板组材质的温度限制：聚合物板限于140℉(55℃)及以下；不锈钢限于350℉(125℃)及以下。

板组框架通常采用316SS不锈钢(不锈钢标准号)材质，以便达到应有的强度且易于拆除维护。

聚丙烯板具天然亲脂性，可吸附油，有利于聚结效果的提高；同时又憎水，利于淤泥下行，减少淤泥堆积。

油坝为桶状，由碳钢或不锈钢制造。

流出物坝为板状，其高度可调。

槽盖通常为碳钢材质、耐用型镀锌材质或轻质玻璃钢强化塑料(FRP)材质，厚度为3/16in。

固体颗粒料斗在柱形分离器中为圆锥形或圆盘形，在矩形分离器中为倒金字塔形。

容器在覆盖涂层前应进行漏失测试。组装好的装置应进行干燥功能测试以确保其运行正常。任何塑料管件都应进行水压测试。

9.2.5 错流装置

错流装置即改良CPI，其水流与板的波纹轴垂直(见图1–17)。

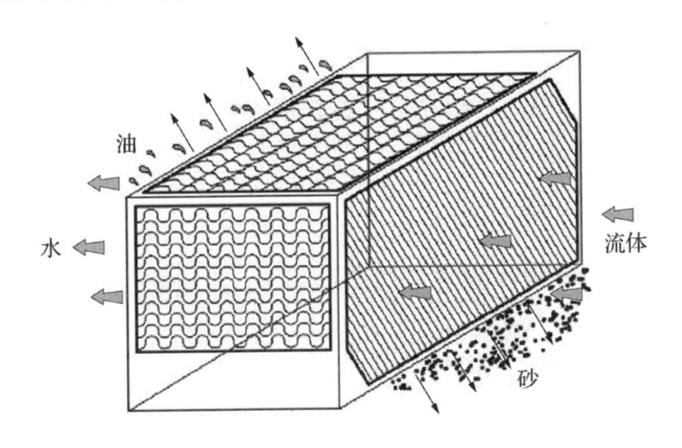

图1–17 错流板组流态示意图

该装置可令波纹板的角度加大，有利于沉淀物的去除。该装置将板组置于压力容器内，可减少漏气风险。

该装置也分为卧式和立式两种。

① 卧式装置

卧式装置无需过多考虑内置缓冲设计，因为波纹板末端可将油引导至油水界面；将沉淀物引导至水流区之下的沉淀区(见图1–18)。装置内的板组长且窄，需安装撒布器和收集装置以迫使水以活塞流的方式进入板组；入口处油滴可能在撒布器中被剪切，导致分离更加困难。设有高压容器的高压系统内适用此类装置。

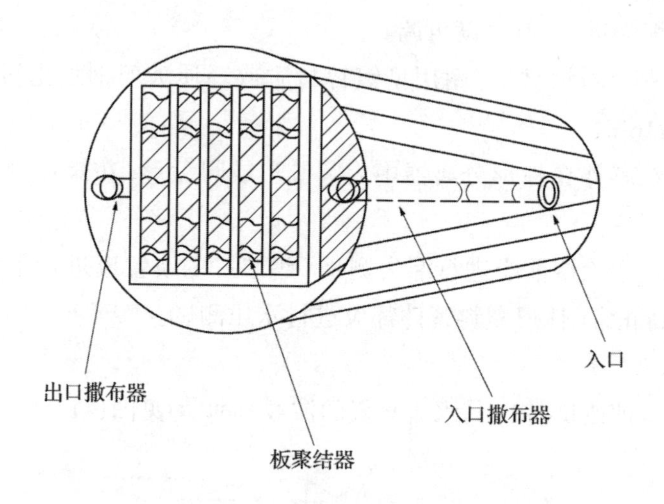

图1–18 水平压力容器内错流装置示意图

② 立式装置

该装置两端都需设置收集管道，一端可使油升至油水界面，另一端可使砂沉降至底部；通过设计可提高装置的除砂效率；错流装置可被安装于常压容器中(如图1–19所示)，或安装于立式压力容器中。

在除油方面，与错离分离器相比，CPI分离器价廉且高效。

在使用压力容器效果更佳、采出水中出砂量高且上游水处理设备无法去除这些砂粒时，应考虑使用错流分离器。

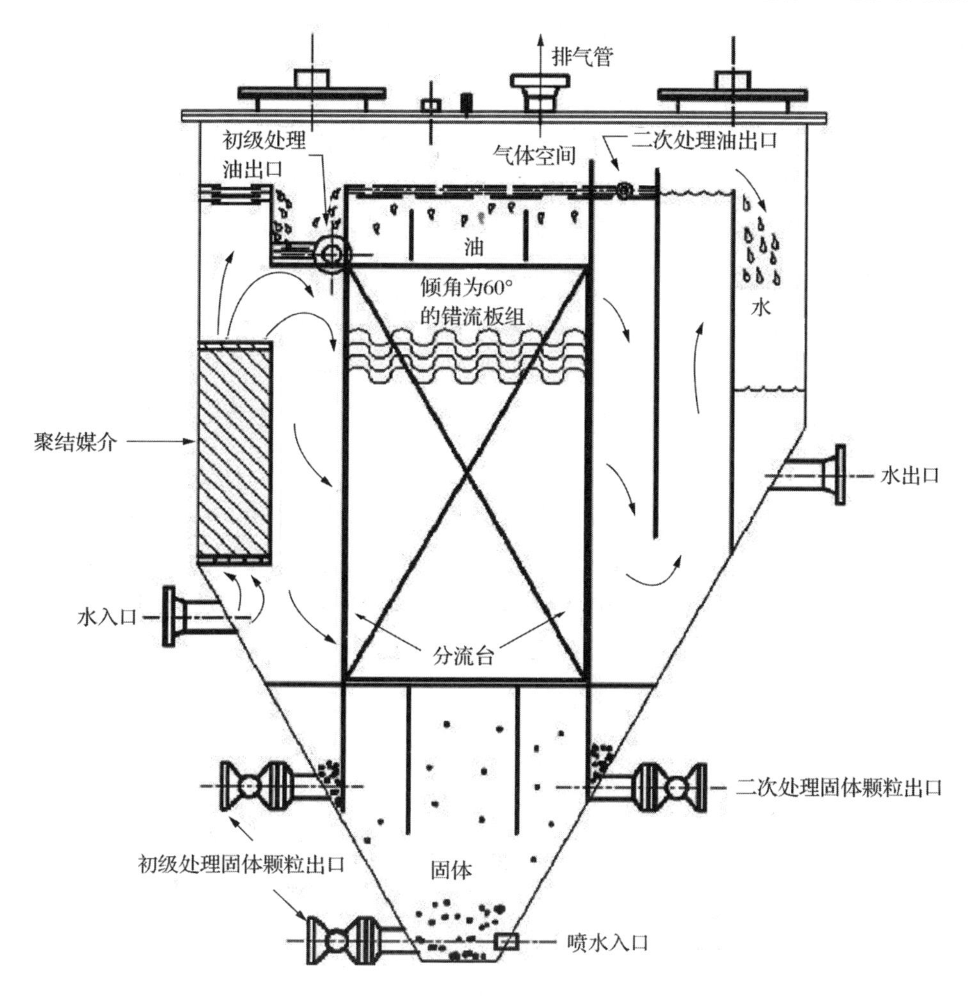

图1-19 常压容器内错流装置示意图

9.2.6 运行

关于流动方向：顺流可有效除油，板组倾角为45°；升流可处理携有大量砂的流体，板组倾角为60°，与45°角相比，板倾角大的好处是径流力增加25%，腐蚀速度降低30%；在使用压力容器且需要去除固体颗粒和油时，应考虑错流。

板式分离器有如下优势：无需太多维护保养，板组易于整体移除，以便进行检查和清洁；由于倾斜板组结构紧凑，与除油器相比，直径小、重量轻；可处理油含量高达3000mg/L的水；可分离直径小于30μm的油滴；除砂率为10∶1，如果装置可捕获50μm的油滴，则其所捕获的砂粒直径将小于5μm；为全封闭式，可杜绝气相逸出并降低火灾风险；CPI的除油效率高于错流分离器；与其他采出水处理装置(浮选装置)相比，其构造简单，但价格较高；无活动件，无需能量驱动；体型小，故易于覆盖和保留气态烃；易于安装于压力容器内，有助于保留气态烃和应对因上游液面控制阀失灵而导致的超压。

板式分离器的缺点为：处理弹状油流时效果不佳；不能有效处理含有大量固体颗粒的液体和乳化液。

以下情况建议使用板式分离器：水流速度稳定或水流由泵泵入；处理装置的直径和重量非考虑因素；配备了定期清理板组的设备；流入物的油含量高且在进入下游二次处理装置前必须将油含量降至150mg/L；固体颗粒含量不高，砂含量小于110mg/L。

以下情况不建议使用板式分离器：流入物的液滴直径多小于30μm；处理装置的直径和重量是主要考虑因素；砂粒直径小于25μm且固体颗粒去除是水处理的主要目的。

9.2.7 选择标准

板式分离器的有效处理直径约30μm。厂家提供的诺模图可用于估算CPI的运行状况。

图1-20为某顺流CPI装置的诺模图，该图反映了以下各因素的关系：液体流入物的温度、去除颗粒直径、油与水的相对密度之差以及顺流去除油的能力。

图1-20应用实例：每只CPI板组(间隔0.75in)中采出水流速为150gal/min(5143bbl/d)，相对密度之差为0.1，则流体温度为68℉(1℉=1℃×1.8+32，下同)时的去除颗粒直径为60μm。

图1-21为升流固体颗粒和油的去除诺模图。图1-22为错流CPI装置诺模图。

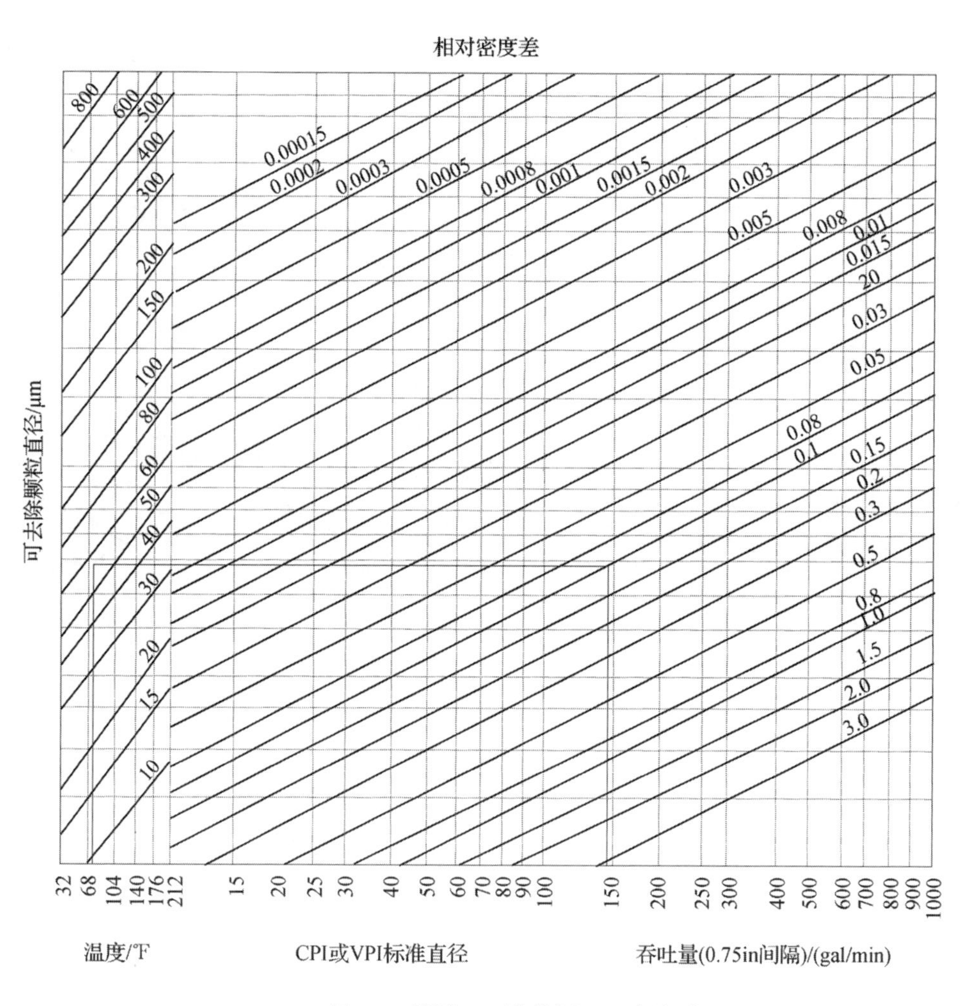

图1-20 顺流CPI诺模图(45° 板倾角)

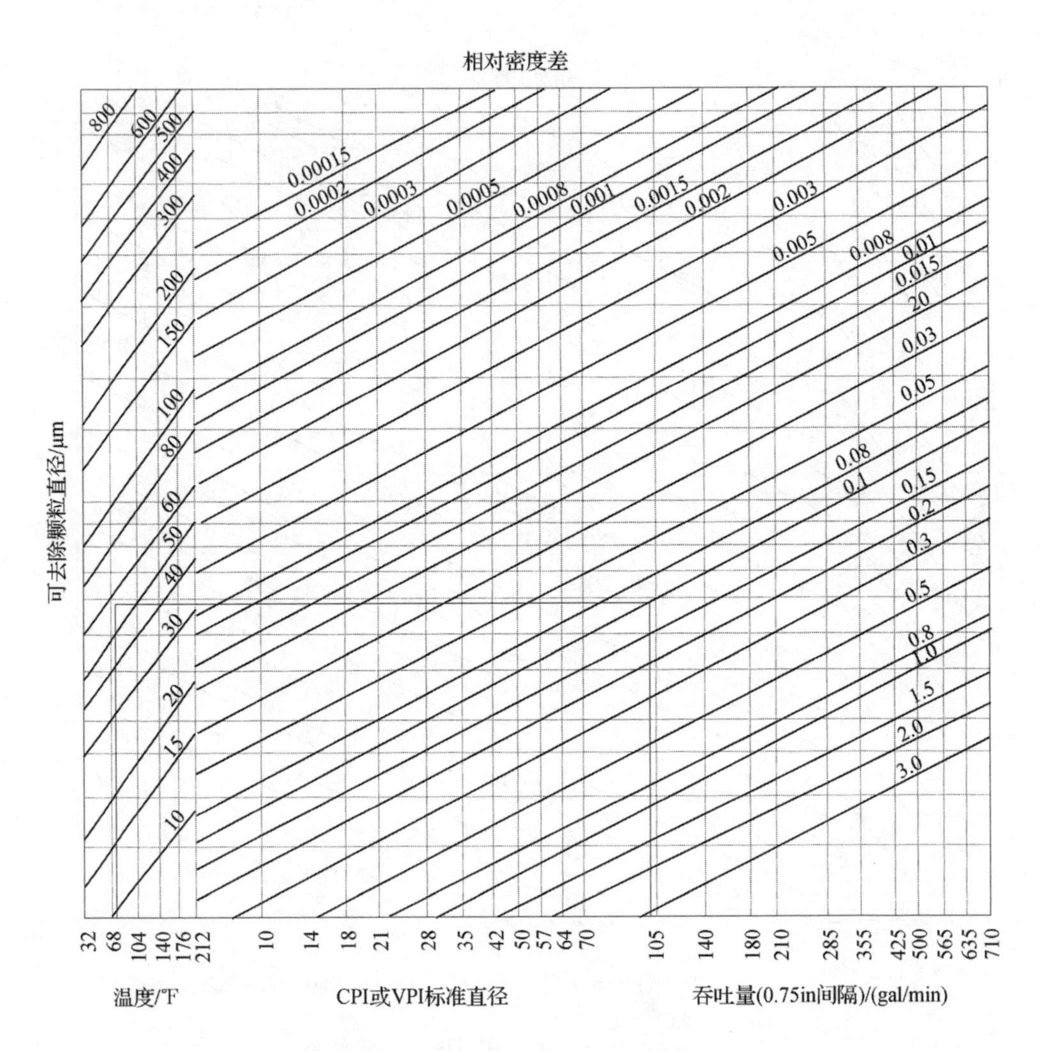

图1-21 升流CPI诺模图(60° 板倾角)

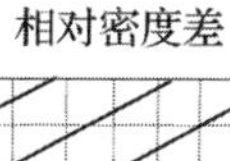

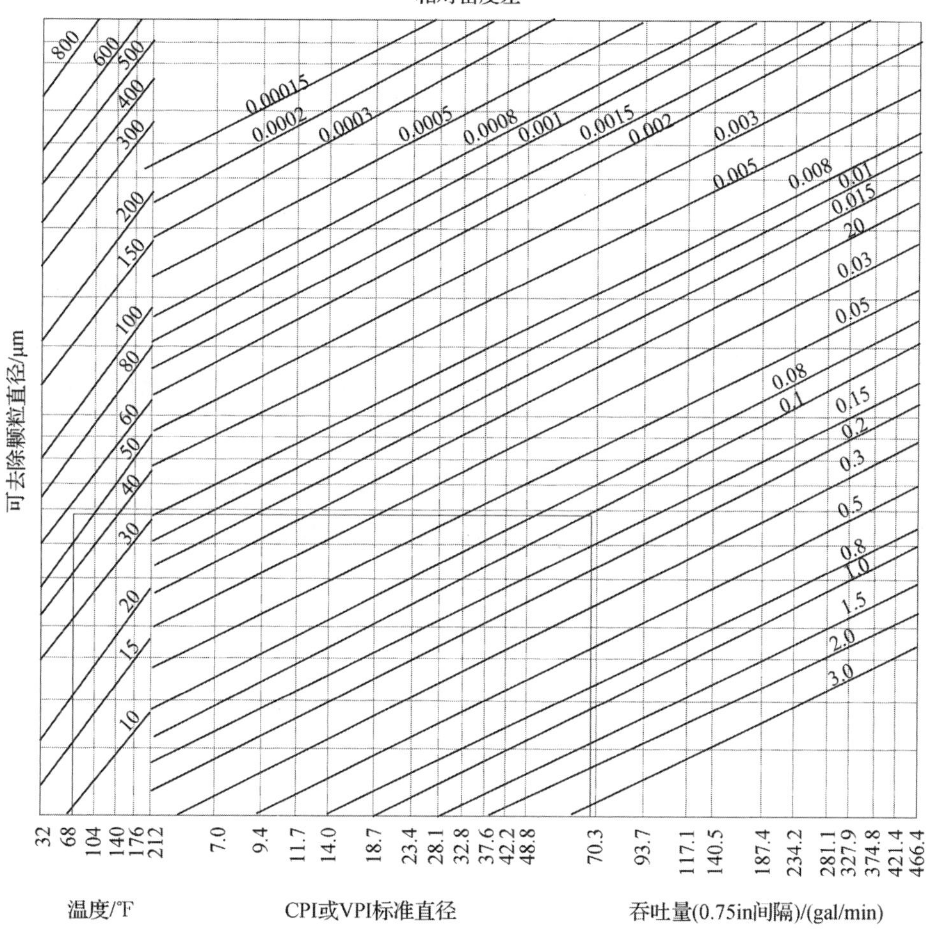

图1-22 错流CPI诺模图(60° 板倾角)

9.2.8 聚结器尺寸公式

平行于或垂直于倾斜板流动的流体中的液滴通过板式聚结去除的常用公式如下。

油田常用单位：

$$HWL=\frac{4.8Q_w h\mu_w}{\cos\theta(d_o)^2(\Delta SG)} \tag{1-18a}$$

国际单位：

$$HWL=\frac{0.794Q_w h\mu_w}{\cos\theta(d_o)^2(\Delta SG)} \tag{1-18b}$$

式中：d_o为设计油滴直径，μm；Q_w为水的总流速，bbl/d(m^3/h)；h为板间垂直距离，in(mm)；μ为水黏度；θ为板相对于水平面的夹角；H、W为垂直于水流轴线的板截面的高度和宽度，ft(m)；L为平行于水流轴线的板截面的高度和宽度，ft(m)；ΔSG为油水相对密度之差(相对于水)。

实验表明，聚结器基准直径为水力半径的4倍时，流体的雷诺数(Re)不得超过1600。基于这一关系，已知Q_w时，H最小值乘以W等于：

油田常用单位：

$$HW=\frac{14\times10^4 Q_w h(SG)_w}{\mu_w} \tag{1-19a}$$

国际单位：

$$HW=\frac{8.0\times10^4 Q_w h(SG)_w}{\mu_w} \tag{1-19b}$$

① CPI尺寸

板组的标准直径如下：H=3.25ft(1m)；W=3.25ft(1m)；L=5.75ft(1.75m)；h=0.69in(190mm)；θ=45°。

CPI尺寸取决于所安装的标准板组的数量。板组数量计算如下：

油田常用单位：

$$板组数量(N)=\frac{0.77Q_w\mu}{(\Delta SG)d_o^2} \tag{1-20a}$$

国际单位：

$$板组数量(N)=\frac{11.67Q_w\mu}{(\Delta SG)d_o^2} \tag{1-20b}$$

为确保符合Re为1600的限制从而避免紊流，流经每个板组的流体速度应接近20000bbl/d(130m^3/h)。

同样，流经半个板组单元的流速应小于10000bbl/d(66m^3/h)。这些流速限制为最大流速，同时还应考虑浪涌的可能。浪涌时，流经每个板组的平均建议流速应小于10000bbl/d(66m^3/h)。当然，也可以使用更高的平均流速，但需注意在设计系统时，避免短时间内浪涌超过20000bbl/d(130m^3/h)。

对于含砂或沉淀物量大的地区，流体进入标准CPI进行处理前应先除砂；由于板式聚结器内为层流态，故其也是非常高效的砂沉降装置；现场应用表明，油湿砂可能黏着在45°倾斜的聚结板上而造成堵塞；另外，安装在板组末端的集砂管所导致的紊流会影响处理工序的顺利进行，板式聚结器易出现砂堵。

为了缓解CPI固有的固体颗粒堵塞问题，可将板组倾角设为60°，此时板组数可增加40%，其所遵循公式如下：

油田常用单位：

$$板组数=\frac{0.11Q_w\mu}{(\Delta SG)d_o^2} \tag{1-21a}$$

国际单位：

$$板组数=\frac{16.68Q_w\mu}{(\Delta SG)d_o^2} \tag{1-21b}$$

② 错流装置尺寸

错流装置尺寸的确定与板式聚结器基本相同。

一些厂商宣称其装置的效率高于CPI，但理论、实验室/现场测试或个人经验均无明确支持这一说法的证据。

如果错流板组的高、宽已知，则可直接使用式(1-19a)或式(1-19b)进行计算。

如果H或W较大并需要安装撒布器，则需在式(1–19)右侧的分母中引入一个效率系数，通常取值为0.75。

卧式和立式错流分离器都需要安装撒布器和收集器，以使水均一流过板组。以撒布器效率系数为75%可计算其尺寸：

油田常用单位：

$$HWL = \frac{(6.4)Q_w h\mu_w}{\cos\theta(\Delta SG)d_o^2} \tag{1–22a}$$

国际单位：

$$HWL = \frac{(1.06)Q_w h\mu_w}{\cos\theta(\Delta SG)d_o^2} \tag{1–22b}$$

【例1–1】确定CPI板式分离器流出物中分散油的含量

已知：给水流速=25000bbl/d(125℉)；给水相对密度=1.06(125℉)；给水黏度=0.65cP(125℉)；分散油含量=650mg/L；溶解油含量=10mg/L；油和脂总含量=660mg/L。

给水中分散油滴直径分布见表1–4：

表1–4 给水中分散油滴直径分布

直径/μm	<40	40～60	60～80	80～100	100～120	>120
体积分数，%	23	30	35	10	2	0

某厂商曾称其产品的标准板组可实现将污水的总油脂含量降至200mg/L。该供应商的标准板组尺寸如下：H=3.25ft；W=3.25ft；L=5.75ft；h=0.69in；θ=45°。

确定：计算板组流出物总油脂含量，以验证厂商声明的真实性。

方案：为计算流入物(污水)的总油脂含量，必须先确定厂商在特定设计条件下标准板组可去除的最小油滴直径。将本例板组直径代入式(1–21)，整理后可得最小油滴直径(d_o)：

$$d_o = \sqrt{\frac{0.77Q_w\mu}{\Delta SG(45°)N}} = \sqrt{\frac{0.77(25000)(0.65)}{(1.06-0.75)(1)}} = 63.5(\mu\text{m})$$

板组分散油滴的体积分数为流入水中直径大于63.5μm的分散油滴体积分数之和(假定分散油滴直径分布数据已知)，因此：

$$可去除体积分数=\frac{(80-63.5)}{(80-60)}(30\%)+(35\%)+(10\%)+(2\%)=71.75\%$$

计算板组流出液中分散油含量C_{out}=650(100%×71.75%)=183.6(mg/L)。

板组不能去除任何溶解油滴，因此板组流出物的油脂总含量等于183.6mg/L加上10mg/L，即193.6mg/L。

结论：厂商的声明属实。

9.3 油-水-沉淀物聚结分离器

错流构造效率高的原因在于它使用了两级程序来分离井采出水中的小油滴和固体颗粒。其聚结板的安装设计为错流式，而非顺流或升流式。

错流结构既可用于常压罐(见图1-23)，也可用于立式压力容器(见图1-24)。二者都设有入口流体分流/聚结板和错流板组。

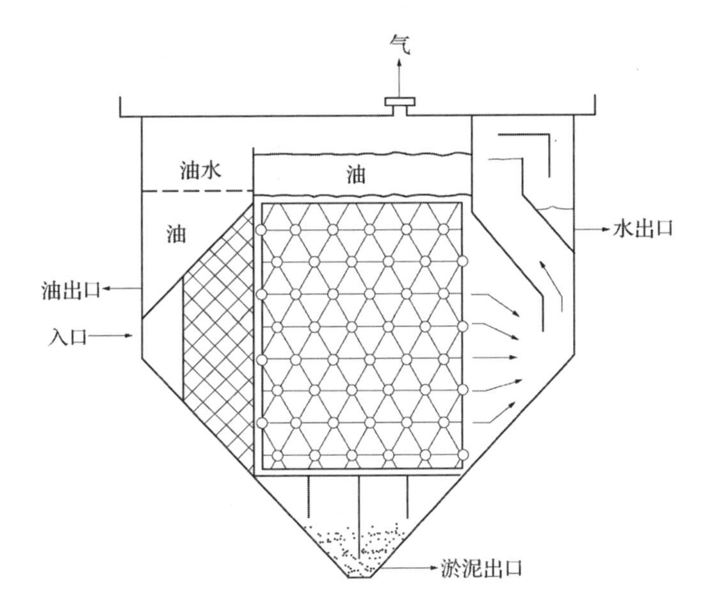

图1-23 油-水-沉淀物聚结容器示意图

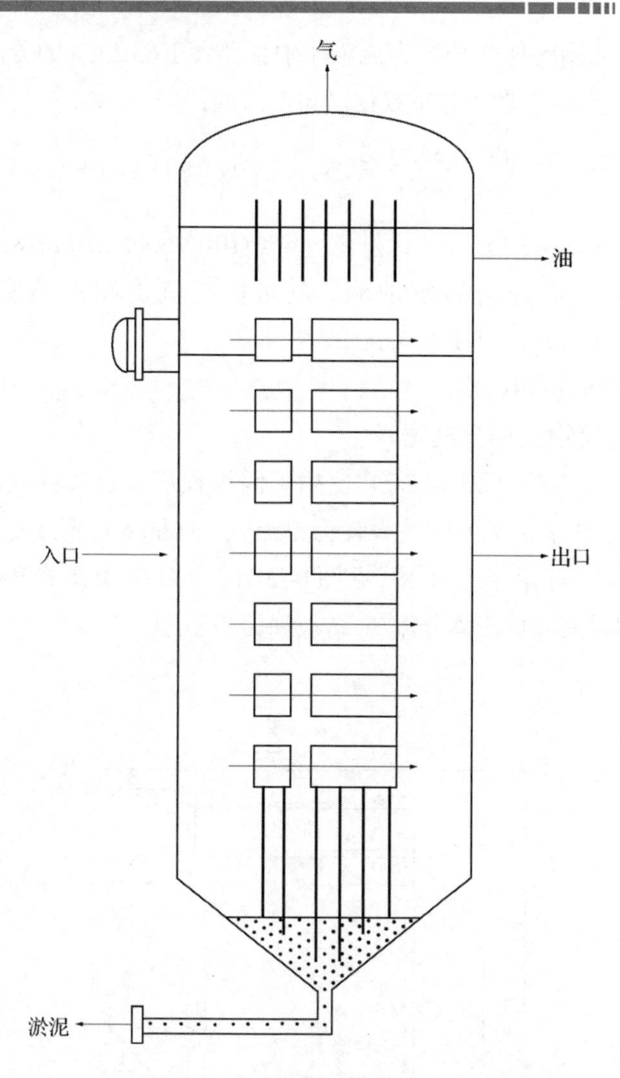

图1-24 油-水-沉淀物聚结容器示意图

入口流体分流/聚结板可使流入的流体在整个分离器板组内均匀分布，以减小流经板组的流体的紊流强度，为油滴聚结成大油滴创造机会。

错流板组处理来自分流/聚结板的流体，为互相支撑、倾斜的六边形结构；从入口以正弦路径流经板组至出口的过程中，水保持层流状态；在升至六边形结构顶部后，油沿板的表面上行至板顶部形成油膜；淤泥则沿板

下行，落入分离器底部的淤泥槽；板的标准间隔为0.80in(2cm)，可选间隔为0.46in(1.17cm)或1.33in(3.38cm)；板的倾角为60°，以减少堵塞；六边形板可为分散油滴提供更多聚结空间。

聚结板的材料包括聚丙烯、聚氯乙烯、不锈钢和碳钢。

聚结板的温度范围：聚丙烯为亲脂性(可提高去油能力、防堵防污)，150℉(66℃)时性能达到极限，超过此温度后，板组失效，并发生化学降解；不锈钢和碳钢可用于150℉(66℃)以上、有大量芳烃的环境。

9.3.1 油/水/沉淀物聚结分离器直径

采用式(1-19)和之前讨论过的方法可分析得出聚结板的间隔和长度。

9.3.2 运行

聚结分离器与板式分离器一样，优、劣势兼具。但前者优于后者之处在于，聚结分离器的可处理最小油滴直径小至20μm。

9.4 除油器/聚结器

市场上有多种提高油水分离效率的设计，如通过在卧式除油器或游离水分离器内安装聚结板或板组提高分离效率，或采取措施促进连续水相内小油滴的聚结和捕捉来提高分离效率。

聚结器可将油汇集于油湿表面，其后小油滴可在该表面上汇聚；较大的油滴或直接聚集于油湿表面，或从油湿表面剥离后，再采用重力设备将其从水相中分离出来。

聚结设备可置于分离容器内，更常见的做法则是安装在重力容器中的聚结板组内。

图1-25为装有聚结板组的卧式游离水分离器示意图。CPI或错流容器中的聚结板可能采用亲脂材质(油湿)制造，因此可用于重力分离装置也可用于聚结装置。

图1-26为聚结板组结构截面图。

9.4.1 骨架介质

垫式或纤维骨架的表面积大，也易于制造；主要是将亲脂材料纺成薄纤维，置于聚结板组内，含油水从中流过时，油滴即黏附于纤维垫上。

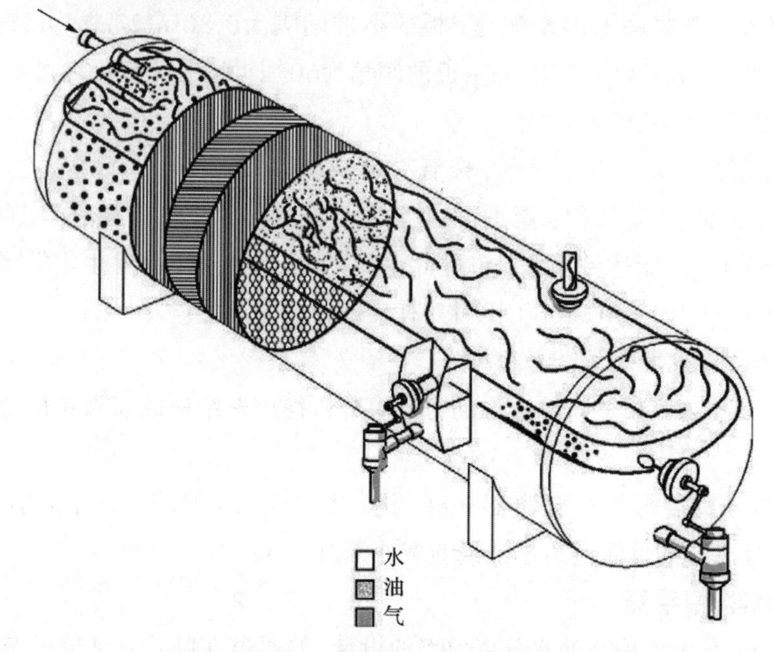

图1-25 装有聚结板的游离水分离器示意图

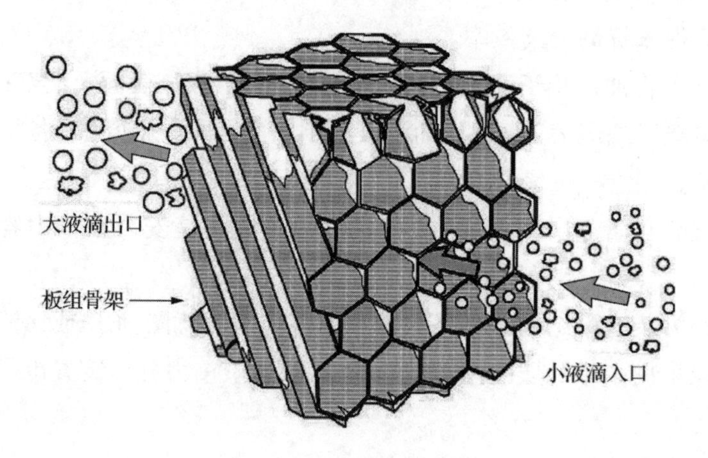

图1-26 聚结板结构

图1-27为纤维垫上的聚结过程示意图。经重力分离(见图1-28)而黏附于纤维垫上的液滴易于收集。

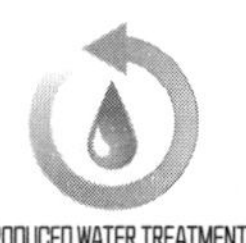

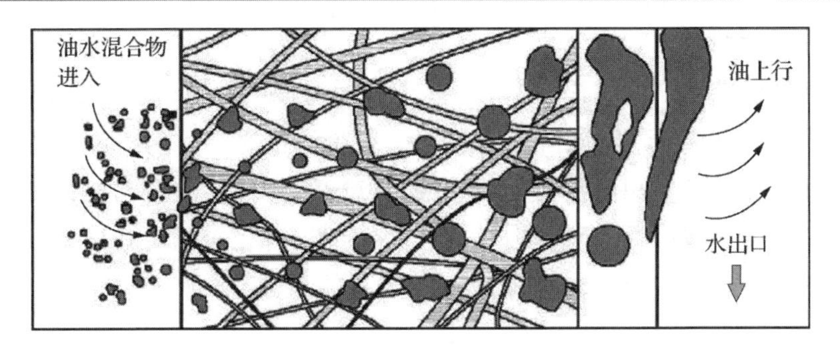

图1-27 纤维垫上的油聚结

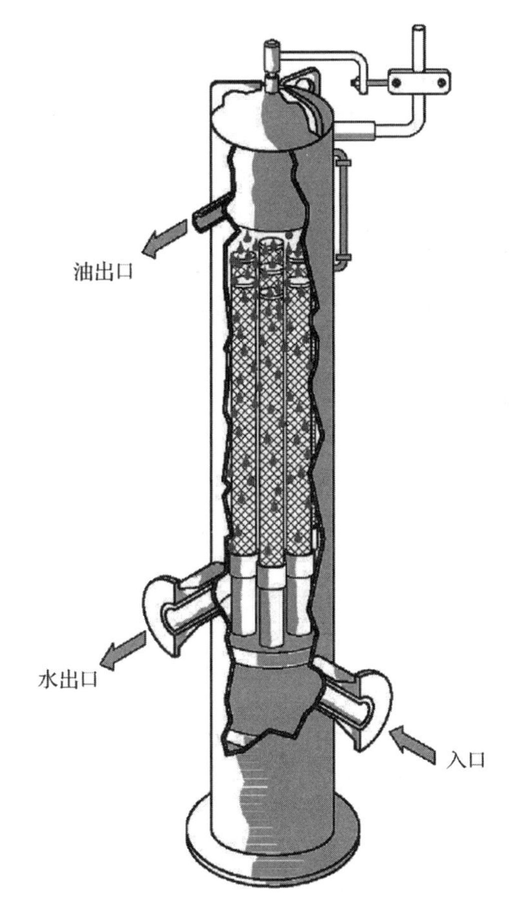

图1-28 骨架式分离器中油的收集(致谢Porous Media公司)

9.4.2 松散介质

亲脂材料也可以织成松散介质，置于容器内。如果将该材料制成颗粒状，置入袋式重力沉降器，则该沉降器就可实现聚结目的；采用式(1–19)和之前讨论过的方法可分析得出这些设计中挡板的间隔和长度；除非按要求需装除砂内件，否则松散介质制成的板组尺寸应等于容器内径；松散介质板组的长度范围根据使用环境，介于2～9ft(0.6～3.8m)之间。

9.4.3 运行

聚结器可提高其他重力分离装置的效率；或如设备厂商所标注，是水处理系统内部组件之一；或作为改进部件，提高现在系统的工作效率；因受上游泵或阀门的剪切而使油滴直径较小时，聚结器的作用尤其明显。

现有低压分离器、除油器或板式分离器具备加装聚结器的条件；聚结器部件能够便捷地清洗和更换；在入口油滴直径小于50μm和需要获得较大油滴时，都可使用聚结器。

聚结器还可用作除油器(除油器的使用限制适用)。

在入口液滴直径小于10μm、大于100μm以及直径和重量是主要考量因素时，推荐使用聚结器。

9.5 沉降器/聚结过滤器

沉降器已经过时，在新装置中一般并不使用。过去，通常将水引入细刨花(稻草)或其他小介质构成的沉降床中进行处理，如图1–29所示，以此来提高油滴的聚结效率。聚结介质易于堵塞，油田的许多此类装置都将介质部分去掉后，油滴可与下行的水流错流，因此可用作立式除油器。

图1–30所示的聚结器，其设计与沉降器基本相同，不同之处是：聚结器的重力分离部件比沉降器的大，聚结器采用逆冲洗滤床进行聚结和去除部分沉淀物。聚结器的过滤介质设计注重自动逆冲洗循环；其水净化效率非常好，但易于被油堵塞，造成逆冲洗困难；逆冲洗液必须进行处理，而这又会导致其他的问题。一些作业者在开展陆上作业时，因为可将逆冲洗液接入大型沉降罐，并且采出水经处理后达到25～75mg/L的油浓度，在聚结器中采用砂和其他过滤介质进行水处理取得了较好效果，尤其是采出水用于回注增产时，这种做法

很常见。

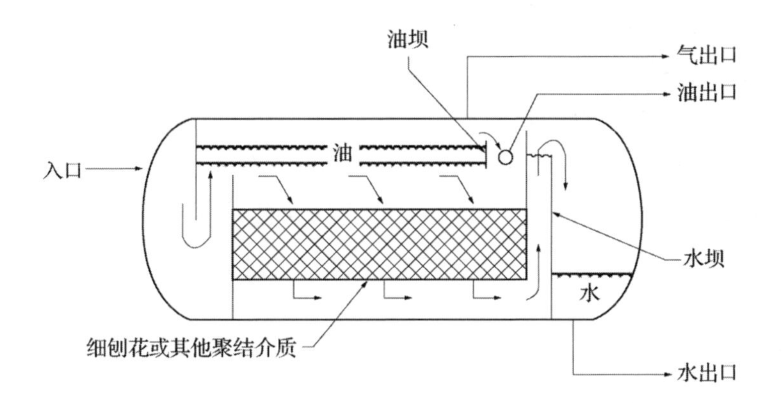

图1-29 沉降器示意图

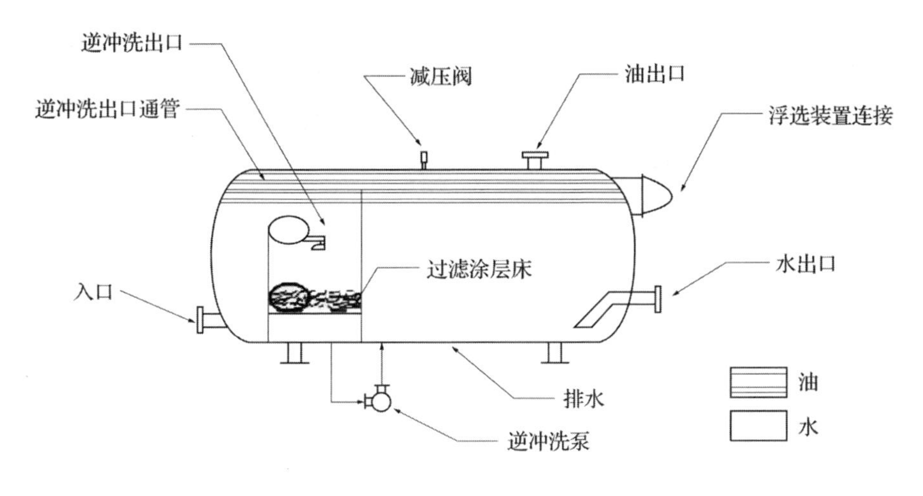

图1-30 聚结器示意图

9.6 无压紊流聚结器

板式聚结装置是指先采用重力分离，再进行聚结处理采出水的装置。其缺点有两方面：一是为了捕捉小油滴并防止其脱离聚结的油膜，需形成层流，挡板也应紧密排列；二是易于被固体颗粒堵塞。

无压紊流聚结器是指安装于任何除油罐或聚结器之内或其上游，为提高聚结效果的装置。市场曾经有售，商品名为SP Packs(以下简称SP板组)；但现在市场上已经停止销售，但其概念常被用于水处理设备的设计。

无压紊流聚结器(见图1–31)使水流沿蛇形管状路径前行，从而形成足够强劲的紊流，向在提高聚结的同时，又不至于使油滴被剪切至特定直径以下；不易堵塞，主要是因为其紊流(雷诺数高)、无间隔狭窄的通道、设有直径与入口管道相似的管状路径；其设计目的是实现按特定直径(d_{max}=1000μm)分布的油滴的聚结。

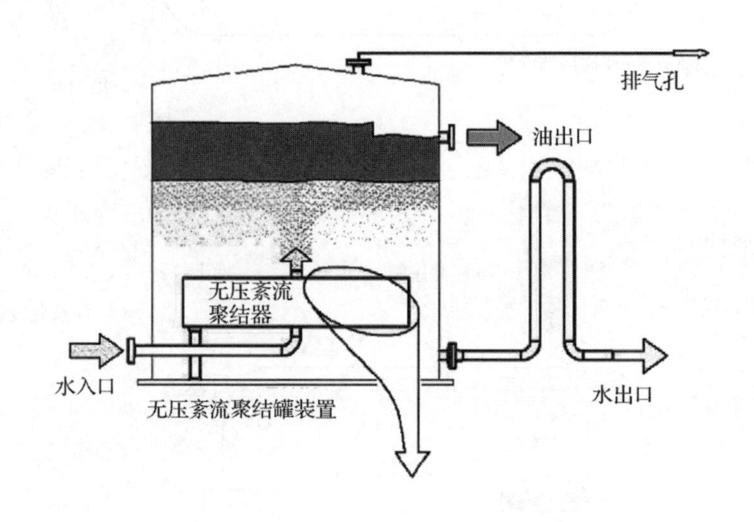

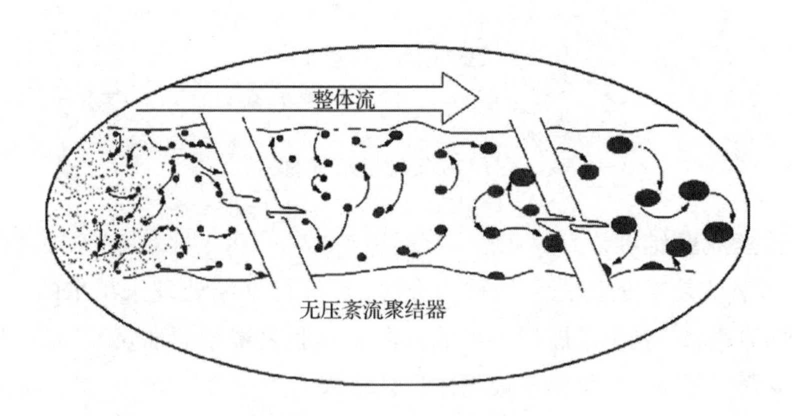

图1–31 无压紊流聚结器的工作原理

无压紊流聚结器内为按直径大小排列的短管(雷诺数为50000)，由6~10个短径180°的弯头连接；每排直管应为30~50倍管径；进入除油罐或聚结器的入口油滴的d_{max}如从250μm增至1000μm，则可大幅减小所需除油器的直径。

采用无压紊流聚结器对后续除油器停留时间的影响为：由于在进入除油器前进行聚结，所以停留时间无需过长，或可将停留时间降至3~10min。

无压紊流聚结器可多级设置(见图1-32)。如图1-33所示，两级无压紊流聚结处理系统由第一台无压紊流聚结器、除油器和第二台无压紊流聚结器构成。

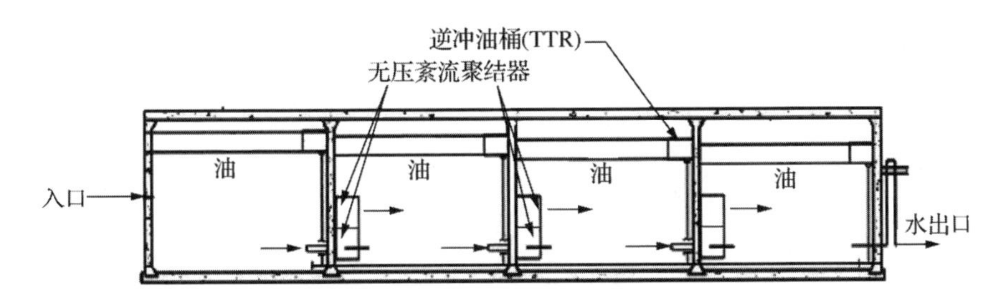

图1-32 置于卧式槽中的无压紊流聚结器

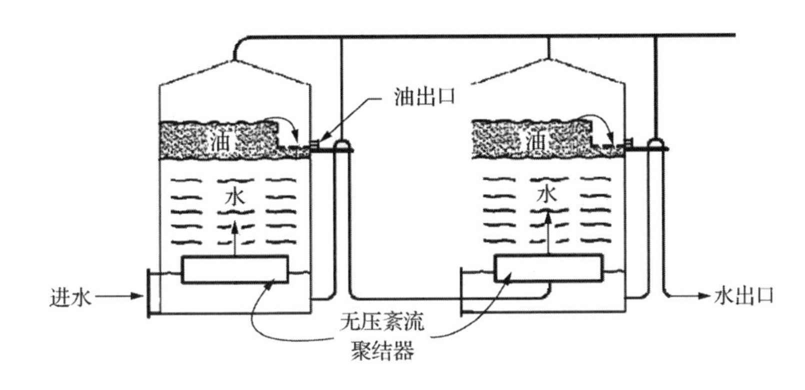

图1-33 安装在多级罐中的无压紊流聚结器

一台无压紊流聚结器和除油器相结合即构成一级聚结-分离系统；第二台无压紊流聚结器将来自第一台除油器的小油滴汇成大油滴后，大油滴被第二台除油器去除。

由于聚结作用，无压紊流聚结器可大幅提高第二台除油器的除油效果。如果

在系统中不安装第二台无压紊流聚结器，则所有的大油滴均在第一台除油器中被去除，第二台除油器的主要作用是去除小油滴。系统所用的级次没有限制。

无压紊流聚结器可用于部件改造，以提高现有水处理系统的工作效率。

经济性：陆地上因场地较大可放置大型除油罐，使用无压紊流聚结器经济性更佳；海上应用时仅能处理较低水流速度，约为5000bbl/d(33m^3/h)；但如果海上有足够空间，处理流量加大时也具有经济性。

如图1–34所示，无压紊流器可安装于任何重力沉降装置(除油器、澄清器、板式聚结器等)内，通过形成大的液滴，使重力沉降器更加高效，如图1–35所示。

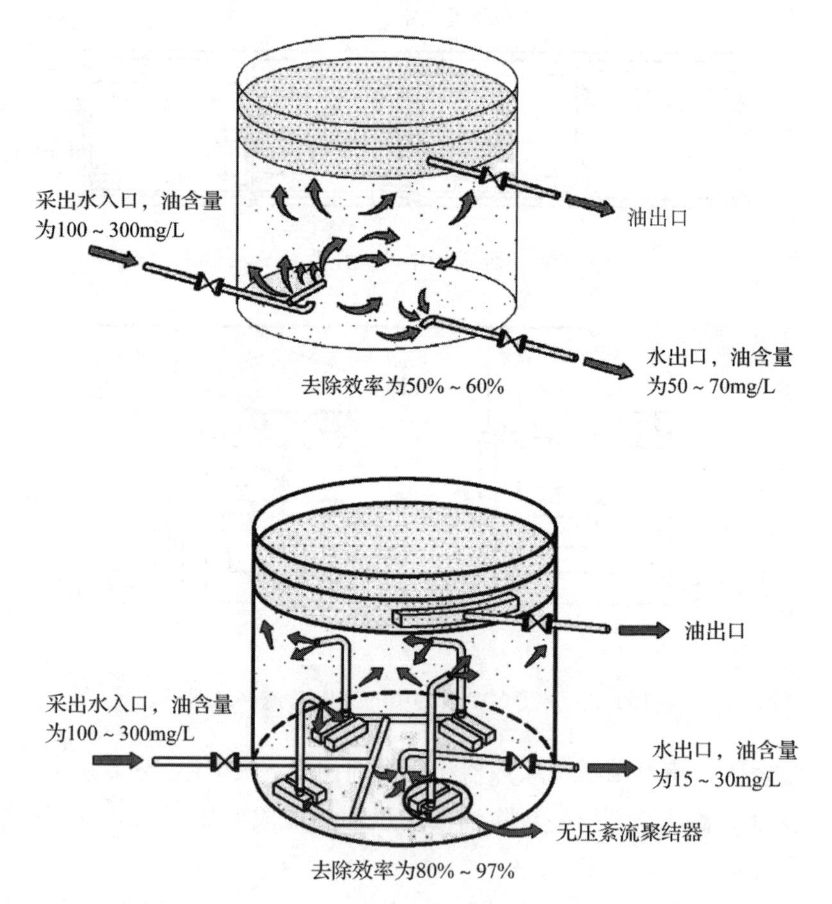

图1–34 安装在澄清撇油罐内的无压紊流聚结器(上为安装之前；下为安装之后)

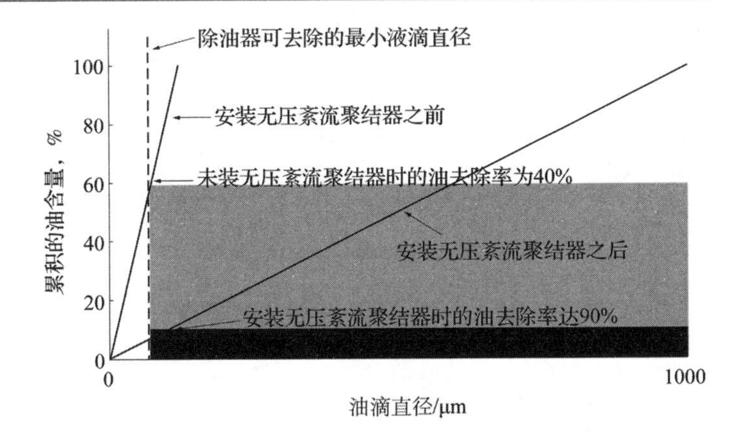

图1-35 无压紊流聚结器的应用可形成大直径的液滴，可有效提高除油器对油的回收效率

■ 未安装无压紊流聚结器时的残余油含量；■ 安装有无压紊流聚结器的残余油含量

每级无压紊流聚结器的效率计算公式如下：

$$E = \frac{C_i - C_o}{C_i} \tag{1-23}$$

式中：C_i为入口含量；C_o为出口含量。

据保守估算，无压紊流聚结器中形成的液滴直径分布可以视为一条直线：

$$E = 1 - \frac{d_m}{d_{max}} \tag{1-24}$$

式中：d_m为可在该级处理的液滴直径；d_{max}为无压紊流聚结器可形成的最大液滴直径，d_{max}=1000μm(标准无压紊流聚结器)。

多级无压紊流聚结处理装置的总效率可由下式求得：

$$E_t=1-(1-E)^n \tag{1-25}$$

式中：n为级数；E_t为总效率。

图1-36和1-37给出了安装在不同直径处理罐中的无压紊流聚结器油去除效率获得提高的情况。

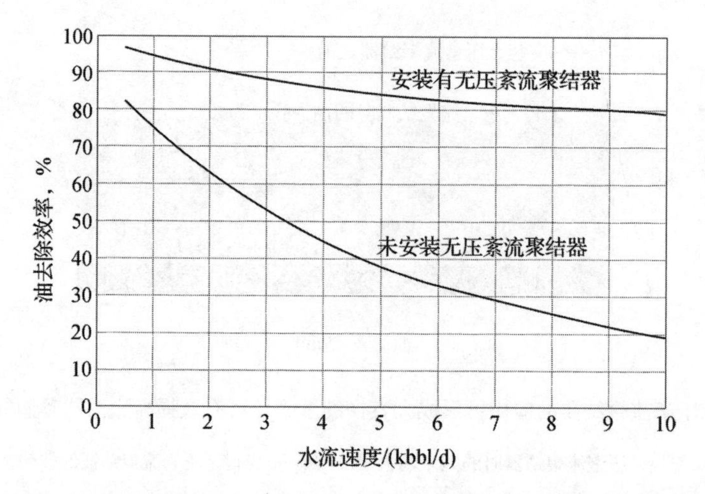

图1-36 直径为12ft的处理罐内安装无压紊流聚结器后，其油去除效率得以提高（水相对密度=1.05；油相对密度=0.85；水黏度=0.85cP；流动温度=80℉）

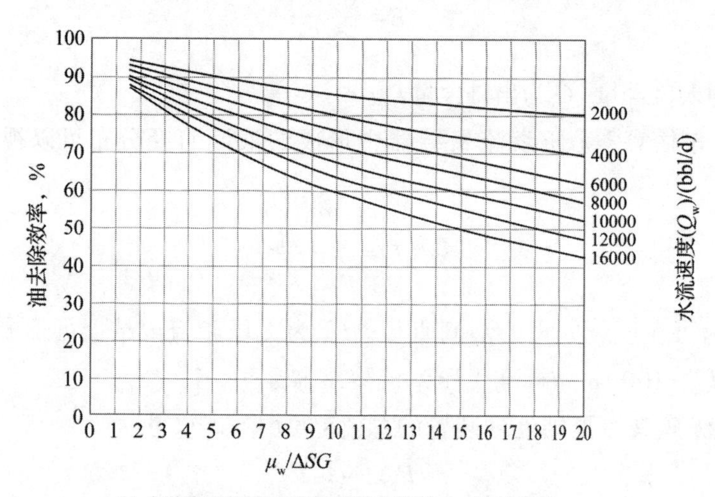

(a) 安装有无压紊流聚结器的直径为10ft的处理罐

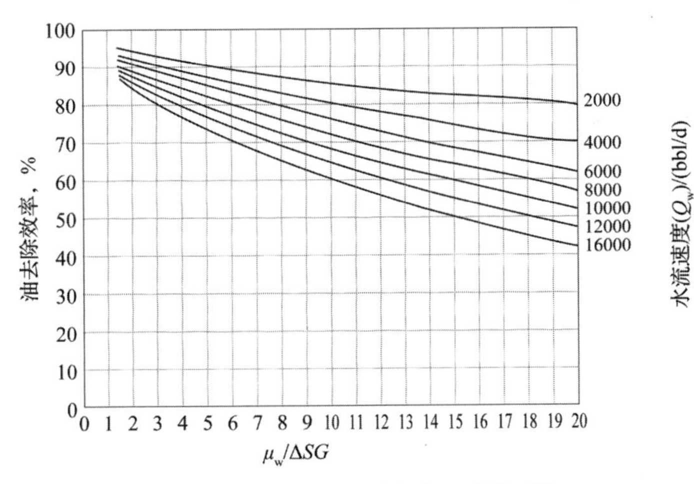

(b) 安装有无压紊流聚结器的直径为12ft的处理罐

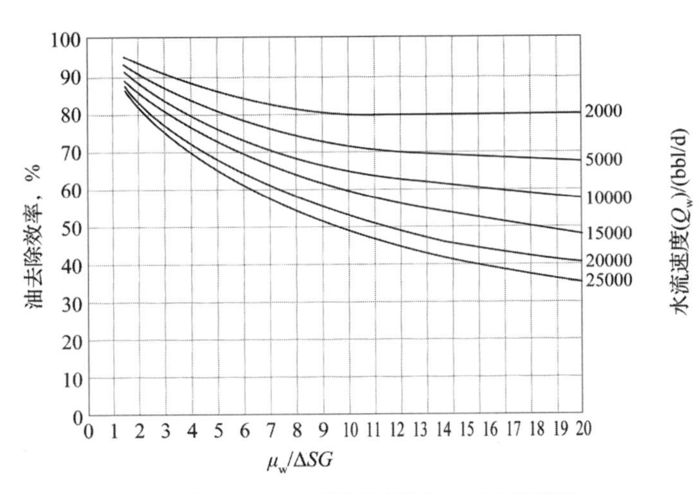

(c) 安装有无压紊流聚结器的直径为15.5ft的处理罐

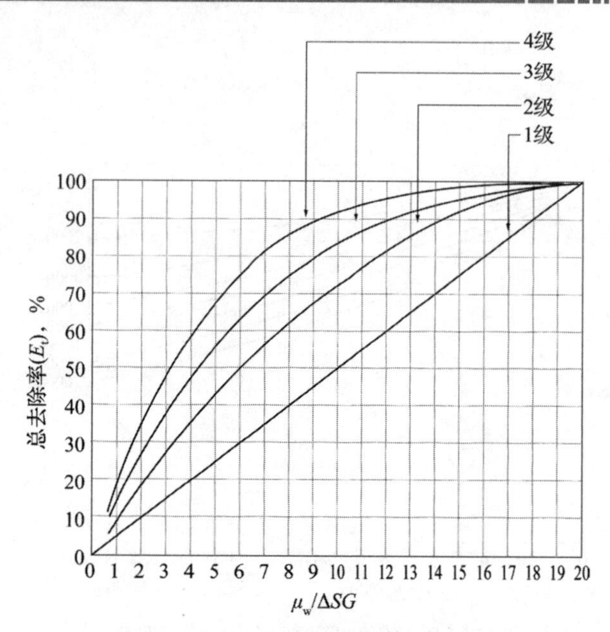

(d) 不同级数(n)下的总去除率，E_t=[(100-E)/100]^n

图1-37 不同直径处理罐的油去除效率

9.7 浮选装置

浮选装置是唯一不依靠重力从水相中分离油滴的常用水处理设备。其工作原理是形成小气泡，这些小气泡在水中生成，可黏附于油或固体颗粒微粒，以油沫的形式上浮至汽–液界面而被撇除，然后进行回收和再循环以用于其他工序。

油–气泡的有效相对密度比油滴小很多。

根据斯托克斯定律：形成的油–气泡黏度大于单独油滴，可加速油水分离过程；助凝剂、聚合电解质或破乳剂等有助于浮选的试剂可用来提高处理效果。

目前共有两种常用的浮选装置，其区别在于其生成与水接触的小气泡的方法。这两种装置分别是：溶解气浮选装置和分散气浮选装置。

9.7.1 溶解气浮选装置

溶解气浮选装置将处理过的水在高压“接触”器中与天然气混合，使其呈

含气饱和状态。通常压力越高，水中所溶解气量就越大。

使溶解气与采出水进行大面积迅速接触，以生成气泡。与分散气浮选装置生成的气泡相比(100～1000μm)，溶解气装置生成的气泡较小(10～100μm)。

溶解气装置中溶于采出水的气量取决于天然气在水中的溶解度，与分散气装置相比，这个量也低很多。

溶解气浮选装置的设计接触压力为20～40psi(140～280kPa)(表)。通常，处理水的20%～50%将进行再循环后与气体接触。

将饱含气的水注入图1-38所示的浮选罐。当水压迅速降至浮选装置内的运行压力水平时，溶解气从含油水中逸出，以小气泡形式与油滴接触并形成泡沫将其带至表面。

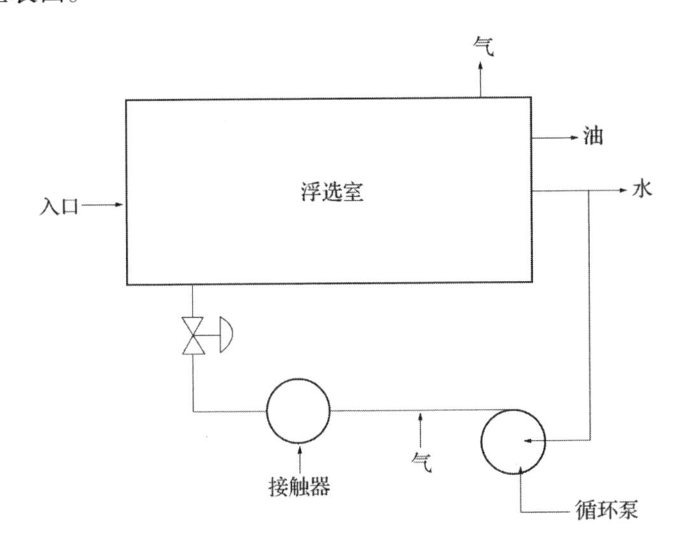

图1-38 溶解气浮选装置工作示意图

这种浮选装置在油田的应用效果并不好。但在炼油操作中，如果可用空气取代天然气，并且有较大空间放置装置或被处理的水大部分为充氧淡水时，其应用效果显著。

在处理采出水时，用天然气可以驱替氧气、避免形成爆炸性混合物、最大

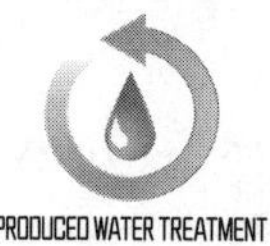

限度减少腐蚀和细菌繁殖。

在采用天然气处理采出水时，需安装排气管或蒸汽回收装置。

采出水中溶解固体颗粒含量高，会导致浮选装置内结垢。溶解气浮选装置的现场应用表明，其效果不及分散气浮选装置。

溶解气浮选装置设计参数通常包括：处理水污物含量为0.2～0.5ft^3(标)/bbl[0.036～0.89m^3(标)/m^3]；处理加再循环水的流速为2～4(gal/min)/ft2(4.8～9.8m/h)；停留时间为10～40min；深度为6～9ft(1.8～2.7m)。

溶解气浮选装置不常用于上游水处理，原因包括：其比分散气浮选装置体积大、重量大，海上应用受限；许多此类装置未设蒸汽回收装置，导致天然气无法循环使用；采出水在可生成气泡的装置内比淡水更易于结垢。

9.7.2 分散气浮选装置

分散气浮选装置通过采用液压感应器或机械转子形成的涡流而在整个流体中形成分散气泡。该装置有多种不同设计专利，但其共同点包括：需在流体中形成相应直径和分布形态的气泡；保证两相混合区内气泡与油滴的充分接触；浮选或分离区内气泡可升至表面；表面的油沫可被去除。

图1-39给出了上述4个过程所发生的区域，顺序如下：气体循环路径(A)与流体循环路径(B)(气泡生成)；两相混合区(1)(油滴附着于气泡)；浮选(分离)区(2)(气泡遵循斯托克斯定律上行至液面)；除油区(3)(气泡破裂，油被撇出)。

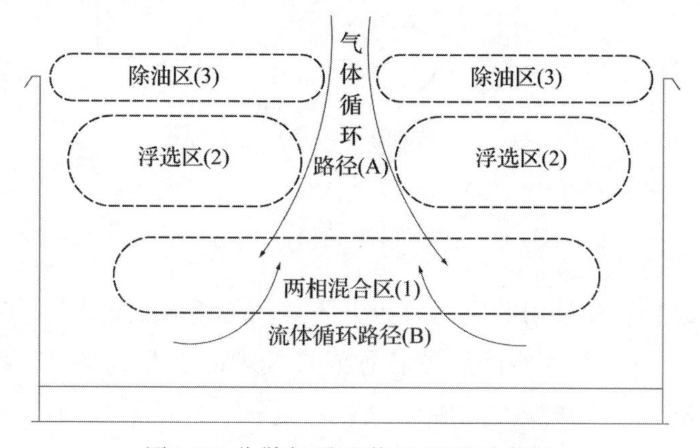

图1-39 分散气浮选装置原理示意图

在装置中加入聚合电解质有利于提高气泡和油滴的结合。浮选强化剂还可用于加强气泡-固体吸附，因此该浮选装置还可用作固体颗粒去除装置；水中加入化学剂的含量应介于1~10mg/L之间；如果油有乳化倾向，则应加入破乳剂，含量介于20~50mg/L之间；化学处理对地域较敏感，对某一油水系统处理有效的化学剂，对其他系统可能效果不佳。

该装置必须能够生成大量小气泡，以便有效除油。对其进行测试发现：盐度升高时，气泡减小；盐度高于3%时，气泡直径保持不变，但油的回收率通常继续升高；多数油田采出水中含大量溶解固体颗粒，可形成理想大小的浮选气泡；天然气凝析物存在的水盐度低，气浮选在凝析气田的应用效果低于油田；以雪佛龙(Chevron)在苏门答腊岛杜里(Duri)油田的蒸汽驱为例，其采出水的盐含量为2000~5000mg/L，导致浮选装置内生成的气泡过大，去油效果差。

图1-40展示了气泡直径大小对油滴捕获速度的影响。常见平均气泡直径介于50~60μm之间。

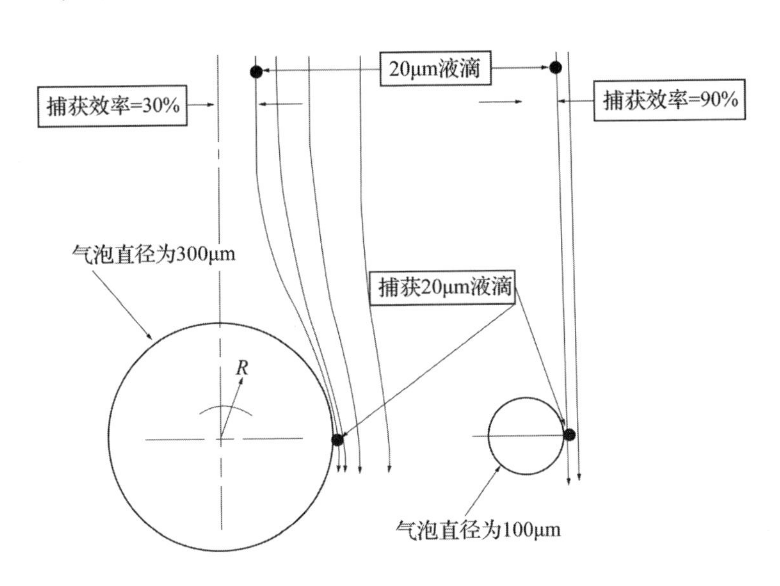

图1-40 气泡大小对捕捉油滴速度的影响

油的去除效果在一定程度上取决于油滴直径的大小。浮选装置对小于

2~5μm的油滴去除效率很低；应避免受到装置上游处大的剪切力的破坏(如节流球状液面控制阀)；最好采用较长的管道(至少为300倍管直径)，将控制器与装置隔离开来，以便在进行浮选处理前，通过管中聚结使油滴直径加大；油滴直径大于10~20μm时，对油回收效率似乎不再具有影响，因此无需安装入口聚结装置。

现场测试表明，累计气–水比增加时，油去除效率高。表1–5给出了在系统中安装多级处理单元的情况。

表1–5 气含量增加对油回收的影响

装置中水的位置	累计气水比/(ft^3/bbl)	油在处理后水中的含量/(μL/L)
水入口	0	225
1号单元流出物	8.8	97
2号单元流出物	17.5	50
3号单元流出物	26.3	18
4号单元流出物	35.0	15
单元流出物排放	35.0	14
体积分数，%	2	0

含油的气泡在水中上升并从水中分离的过程，需要一个相对静止的场地，以避免气泡与大量流体混合。气泡的上升速度必须超过紊流速度和任何下行流体的整体速度；含油气泡以油沫的形式升至液面并被撇除；除油过程的作用是令泡沫破灭，从而进一步提高油相的含量；除油通常通过结合使用坝和除油桨装置将油沫驱赶至单元边部后溢流去除；坝的高度相对于除油桨的位置和速度必须进行调整，以防止整体水相液面油沫堆集过高，使过多的水进入坝下的除油桶中。

9.7.3 液压生泡装置

液压生泡装置的主要工作原理是通过向文丘里管中的低压区注气诱发气泡。

图1–41为流体流过液压生泡装置的截面示意图：流出物中的清水被泵入再循环管头(E)，接入一系列文丘里管导管(B)；流经导管的水吸入来自蒸汽空间(A)的气体，以小气泡的形式从喷嘴(G)喷出；气泡上升，在浮选室(C)进行浮

选，形成泡沫(D)，在F处被机械装置撇除。

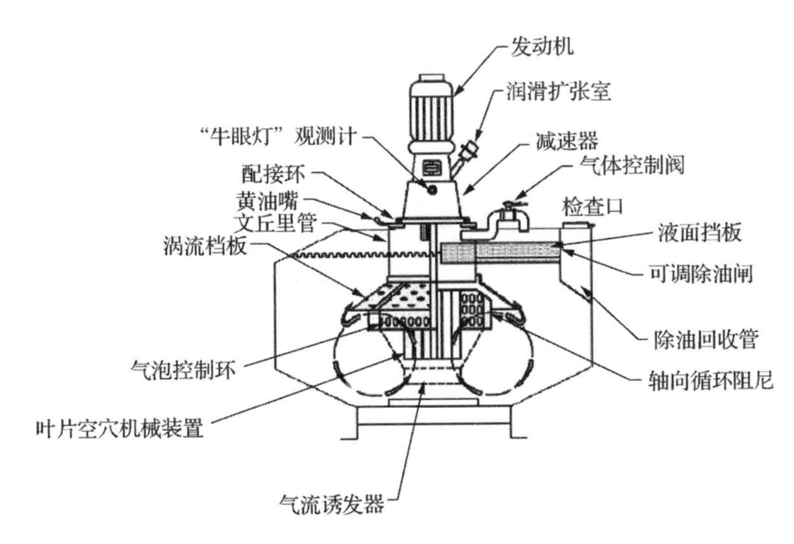

图1-41 液压诱发式气浮选装置

有一单元装置、三单元装置或四单元装置。图1-42为流体流经一台三单元装置的示意图。与普通装置相比，四单元装置设计有5min停留时间。

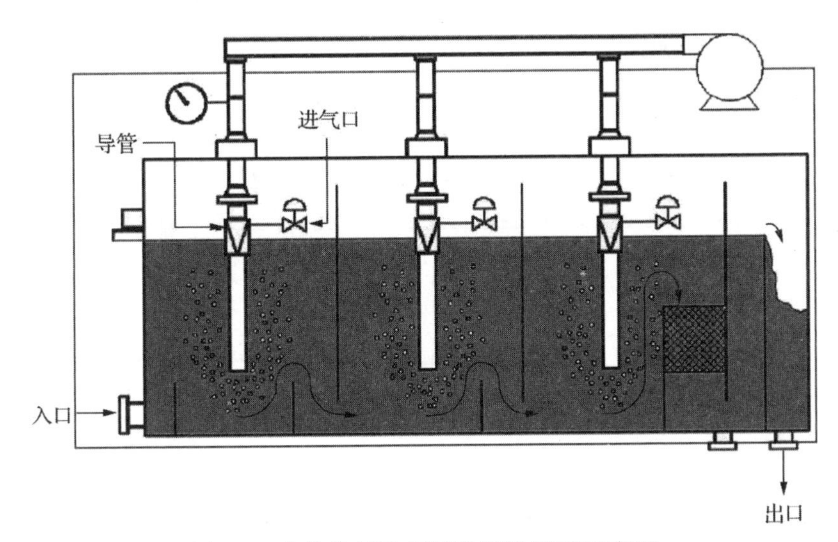

图1-42 流体流经液压诱发浮选装置示意图

液压生泡装置比机械转子装置耗电、耗气量少，也比机械诱发装置简单。

在设计流速下，气水比小于$10ft^3/bbl$。分散于水中的气量不可调，所以当吞吐量小于设计时，可导致高气水比。

导管水循环速度随设计吞吐量和厂商的不同而各异，但基本上都在50%左右。由于循环进入导管的水为额定量的150%，故装置的平均水吞吐量可达3倍。

图1-43为导管示意图。导管设计属专利范畴，并且随不同厂商的液压设计和机械位置不同而有很大区别。

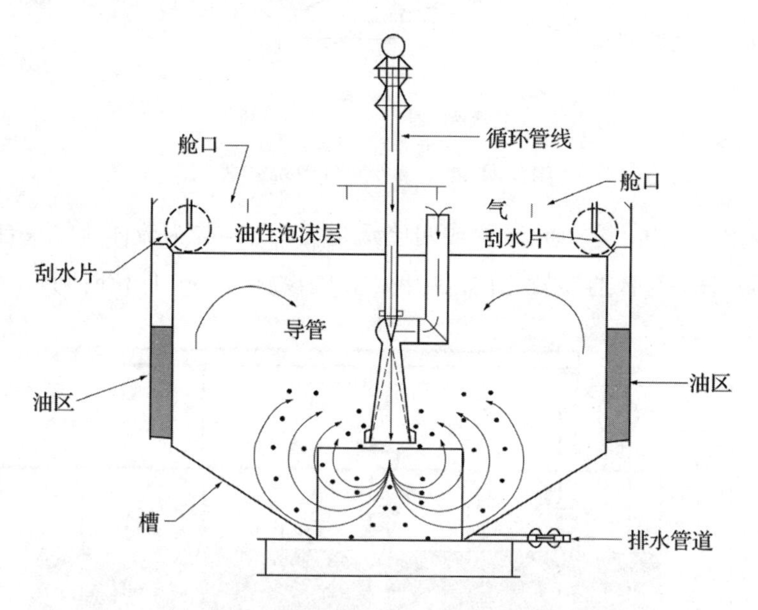

图1-43 液压生泡装置截面示意图

液压生泡装置对气泡直径和分布的控制能力以及分级效率，都低于机械装置。

9.7.4 机械诱发装置

机械诱发装置是指通过搅动浆片生成涡流裹挟气体而产生气泡的装置。

图1-44给出了采用机械转子的分散气浮选单元截面示意图。转子在涡流

管内形成涡流和真空；护罩的存在是为了确保涡流管内的气体与裹挟的水混合；转子和气流诱发器使水按平面内箭头所指示的方向以旋流方式前进；顶部的挡板引导旋流的泡沫流向除油盘。

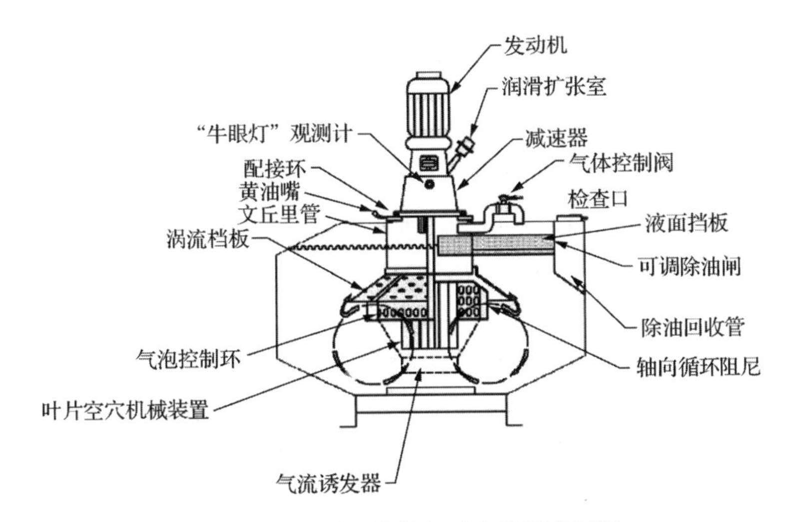

图1-44 机械诱发分散气浮选装置截面图

大多数机械诱发装置由3或者4个单元组成。

图1-45给出了一台四单元装置。水受下溢挡板的推动依次穿过单元；每个单元包括一个发动机驱动的桨片以及相关气泡发生和分布部件。

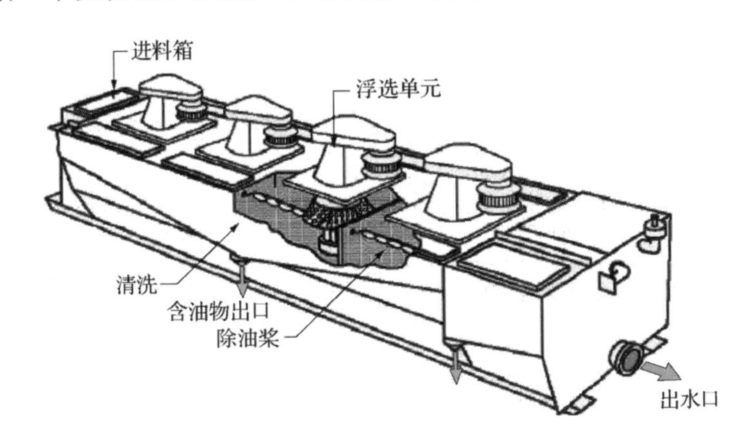

图1-45 四单元机械诱发浮选装置截面示意图

现场测试表明，单个单元内的混合强度过高时，大量水以塞流的方式从一个单元流向另一个单元；因此，从入口到出口坝箱之间没有短流或窜流。

机械的复杂性，使机械诱发浮选装置成为所有气体浮选设备中维修最频繁的装置。

由于发动机穿入单元对轴封有需求，这些装置通常都是在接近常压条件下运行的。

上述过程中的每一步都以进入浮选装置的水为常压状态为前提。当上游初级分离器在高压下运行时，采出水可能已经达到气饱和；此时，无需增加气饱和度就可在常压下生成气泡。

9.7.5 其他设计

人们尝试将溶解气浮选和CPI结合使用，将CPI处理的污水的一部分循环注入进行浮选。但目前还没有足够的现场应用数据，现场的测试结果也不理想。我们不推荐此组合的理由是：溶解气易于逸出溶液，形成的紊流会对CPI的运行造成负面影响。

目前已研发出多种类型的其他装置：一些考虑了复杂流态；单元数量介于1~5个之间；一些在每个单元内设了多个导管；一些考虑了通过导管的流体循环速度，而这一速度可能是水吞吐量的数倍。前文的描述应能让工程师更好地了解每个厂家专利设计的优、缺点。

喷洒器：具有应用前景的新设计；通过与水族箱通风装置类似的外部高压源引入气体；采用多孔介质喷嘴形成小气泡，其直径受控于介质的孔隙直径；为了将喷洒气泡吸附油滴的效率提至最高，应使气泡直径接近去除小油滴的直径，由于喷洒气泡非常小，因此需要一定的停留时间(如10min)；由于需要分别加压气体且多孔介质喷嘴非常容易堵塞，这种设计增加了机械复杂程度；采用多级喷嘴可以促进小泡的形成、实现低速流体，与其他设计相比，气与采出水的混合效果也更好；不足之处在于，使用时间长了，多孔介质易堵塞，维护和停机时间也相应延长。

9.7.6 分散气装置尺寸的计算

一台高效的装置设计要求为：气诱导速率高；诱发气泡直径小；相对较大的混

合区。因此，喷嘴或转子以及内部挡板的设计是该类装置工作效率高低的关键。

喷嘴、转子和挡板为专利设计。

现场测试表明：该类装置的除污效率稳定；在正常范围内，其除油效率与入口污物含量或油滴直径无关；设计合理的该类装置与适宜的化学剂结合使用，可取得如下除油效率：每单元40%~55%和整体90%；设计精良的该类装置可达95%的除油效率；设计不佳、油–水化学状态不佳时，可能导致装置除油效率降至80%。

采用公式(1–25)可对装置的除油效率进行计算和验证。例如：三单元装置的整体处理效率通常为87%；四单元装置的整体处理效率为94%；单元的实际处理效率取决于许多实验室或现场测试无法以控制的因素。

每个单元都设计了近1min的停留时间，以便使气泡得以从液体中逸出并在表面形成泡沫。

厂商负责提供其标准装置的直径和基于该直径的最大流速。

图1–46给出了四单元分散气浮选装置流出水水质与流入水水质对比图。入口含量小于200mg/L时，油去除效率轻微下降；入口油含量低时，浮选装置不易实现气泡和分散油滴的密切接触和互动；图1–46可能低估了油含量小于200mg/L的流入物处理后流出物的油含量。

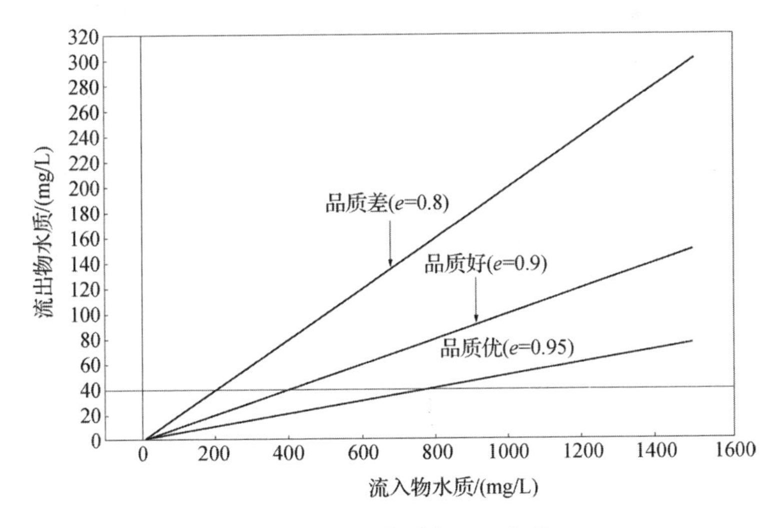

图1–46 出口水质与入口水质

根据入口流入物油含量和出口流出物水质的要求：浮选在采出水处理中可单独或与其他设施结合使用；来自一级处理分离器的水质常介于500~2000mg/L之间；从图1-46可见，将设计良好的气浮选装置用于单独处理来自一级分离器的水时，处理水的污物含量限于30~80mg/L；由于分离效率与装置入口流入水的油含量无关，一级分离器运行不稳定可能会对气浮选装置流出物液体的品质有重大影响；为了使流出物油含量符合30~50mg/L的标准，有必要在气浮选装置和一级分离器之间再加入一些处理装置，如CPI。

为了取得较好的除油效果，浮选装置需要专门的化学剂处理方案。

如果浮选装置所处理的水是由不同源头、不同量的采出水混合而成，则所应采取的化学处理方案的制定也将比较困难。

浮选装置处理去除的含油水量通常为装置额定处理液量的2%~5%，如进入装置的水存在浪涌，则这个比例为10%。由于去除的含油水量是坝曝露长度比时间的函数，因此该装置以低于设计能力运行时，水的停留时间将得以延长，但所去除含油水量不会减少。

浮选装置通常包括一系列的多级单元。单一单元的机械故障将导致整体运行能力的下降。例如：四单元装置内一个单元发生机械故障后，当成三单元装置用，其对分散油滴分离能力为87.5%[即1-(1-0.5)3=0.875]。

气浮选设备通常是根据厂商提供的标准直径设备清单挑选的，而不是按特定的应用需求定制和设计的。因此，整体设计由厂商完成，用户只能对相对小的设计拥有发言权。

表1-6为液压和机械诱发浮选装置的典型直径、重量、功率(hp，1hp≈735.5W，下同)和停留时间。

9.7.7 运行

此类装置的维护应考虑的因素包括：

处理单元在安装时必须地面找平并保持。除油取决于坝的正常运行，而微小的不平都可能造成装置不能正常运作。浮选装置的移动也可能导致液体浪涌，妨碍除油操作。

表1-6 代表性气体浮选装置特征

IGF类型	公司	品牌	型号	功率/hp	长度(ss)/ft	宽度(OD)/ft	流体体积		公称流量		停留时间/min
							ft^3	gal	bbl/d	ft^3/min	
液压型IGF	Wemco	ISF	30X	15	20.5	4.5	326	2439	10200	39.8	8.2
			75X	30	29	5.5	689	5154	25700	100.2	6.9
			160X	50	33	7.5	1457	10900	54800	213.7	6.8
	ESI	Tridar	DL-100	7.5	15.5	5	304	2274	10000	39.0	7.8
			DL-200	20	20.5	9	433	3239	20000	78.0	5.6
			DL-500	50	23	14	1602	11985	50000	195.0	8.2
	Monosep	Verisep	3MV	3	15	3.5	144	1077	3000	11.7	12.3
			10MV	8	15	6	424	3172	10000	39.0	10.9
			50MV	25	31.3	9.5	1798	13451	50000	195.0	9.2
机械型IGF	Serck Baker	Depurator	SB-020	6	14	2.5	32	240	2000	7.8	4.1
			SB-100	8	21	4.5	209	1563	10000	39.0	5.4
			SB-500	50	37	7	898	6714	50000	195.0	4.6
	Petrolite		GFS-5	12	22	3.5	308	2304	5000	19.5	15.8
			GFS-10	20	27	5	540	4040	10000	39.0	13.8
			GFS-45	40	37	6	1332	9965	45000	175.5	7.6
	Wemco	Depurator	36	12	14.4	3.5	81	606	1720	6.7	12.1
			56	20.5	26.5	5.7	346	2588	10300	40.2	8.6
			84X	60.5	34.1	8.9	1390	10399	50000	195.0	7.1
			144X	120.5	64.2	12	5832	43629	1714000	668.3	8.7

液面应谨慎控制以确保坝的正常运作。液面控制系统参数必须认真设置，以防止液面波动。在水入口和出口处安装节流阀是比较理想的选择。快速开闭阀门可能导致液面波动。向气浮选装置输入流体时，采用重力流比泵入法更好，泵所产生的高剪切力可能将大油滴打成小油滴，从而令分离更加困难。

许多诱发生泡式的浮选装置，特别是机械浮选装置，运行压力为大气压(略高或略低)。装置壁较薄，并有多处开孔，以安装发动机轴和观察孔。由于设计上较简单，观察孔处于开放状态时，空气易于从桨叶附近进入装置。水处理系统中有氧，也会增加装置和所有下游碳钢设备的腐蚀率，并导致处理水中溶解铁的氧化。为了避免腐蚀和沉淀，应尽可能避免氧气进入装置。观察孔要尽可能保持关闭，保持轴部密封良好。

对于气浮选装置而言，化学剂的使用很重要。注入装置的化学剂，剂量和配比合理才能使装置按预期工作。常用的化学剂包括聚合电解质、破乳剂、除垢剂、防腐剂，这些试剂之间或化学处理方法与浮选单元材料之间可能存在化学不兼容性。而在处理装置上游加入的化学剂可能会令这种不兼容情况更加复杂。装置运行时需密切监控任何异常淤积或沉淀，或异常高的腐蚀或弹性失效速率。

现场测试表明：诱发气浮选装置对10~20μm及以上的油滴可实现100%去除，对于2~5μm范围内的油滴也有一定去除效果；油去除效率取决于对化学剂种类和剂量的正确选择(参见图1-47)；与机械类装置相比，液压类装置对入口油含量介于50~150mg/L的流体除油效果好，但液压类装置对于含量高于500mg/L以上的液体处理更高效，对于含量介于150~500mg/L间的流体，两种类型的装置处理效果相同；所有诱发式气浮选装置对设计流速的70%~125%的低速流体的变化相对不敏感；机械诱发装置似乎比液压装置更能容忍处理量上的大幅波动；所有装置的分离效率取决于入口流体的污物含量；将水温从室温升至140℉(60℃)可轻微提高装置的油回收率(正常pH值)。

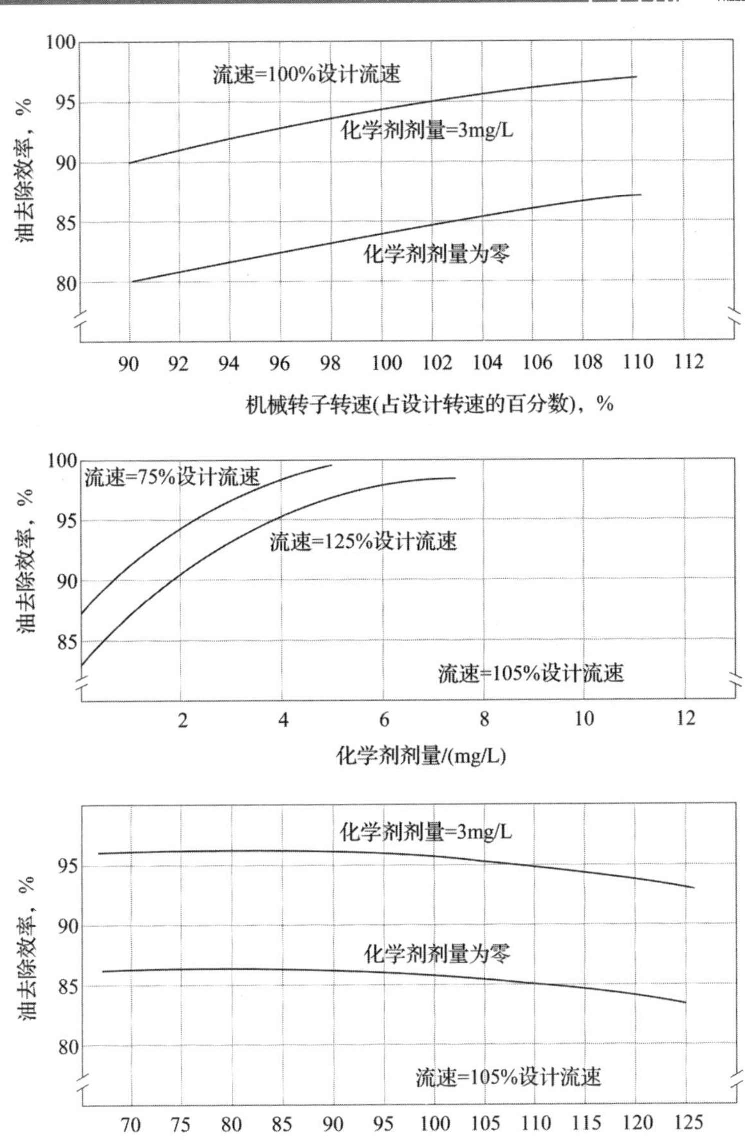

图1-47 机械诱发式浮选装置的油去除效率

以下情况应使用气浮选装置：入口流体油含量不太高时(250~500mg/L)；出口排放要求不太严格时(25~50mg/L)；有化学剂公司可提供合适的化学处理

配方时；电力成本低或中等时。

以下情况不建议使用气浮选装置：设备直径和重量是主要的考虑因素时；装置可能需要经受加速或倾斜等工作环境时，如浮式采油平台；处理的水来源不一，并且化学性质和分散油的特征各有不同；水处理化学剂的厂家服务支持有限；流出物油含量要求不高时；电力成本高时。

9.8 水力旋流器

9.8.1 概述

早在20世纪80年代，水力旋流器就被用于采出水的除油处理。这种装置被称为液–液脱油水力旋流器。有时也被称作“强力重力分离器”，可分为静态或动态水力旋流器两种。

9.8.2 运行原理

水力旋流器利用离心力去除含油水中的油滴。

图1–48给出了一个静态脱油水力旋流器，由工作舱及其中的保压外壳组成。

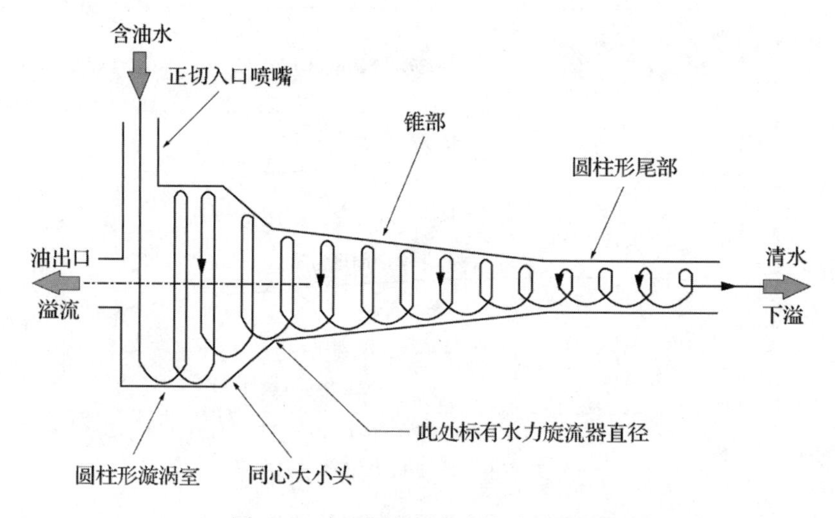

图1–48 液–液静态水力旋流分离器

工作舱由圆柱形漩涡室、同心大小头、锥部、圆柱形尾部等四部分构成。

图1–49给出了典型的多舱水力旋流器。含油水通过正切入口喷嘴(见图

1-50)进入圆柱形漩涡室，生成反向高速涡流；流体流经同心大小头和锥部时加速；流体以恒定速度继续前行并经过圆柱形尾部；大油滴在锥部从流体中分离，而小油滴则在圆柱形尾部处被去除；向心力导致低密度液滴流向低压中心，此处发生反轴向流；油被位于水力旋流器头部的小直径孔(又称“处理液出口”或“溢流口”)去除；清水则通过被称为“下溢口”的下游出口流走。

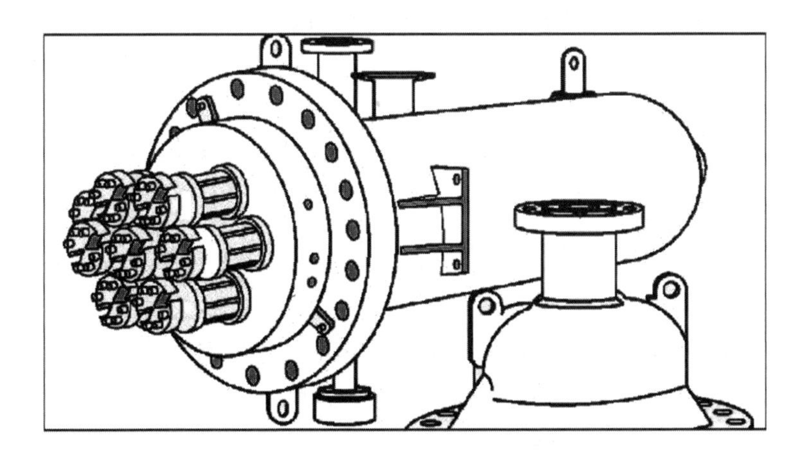

图1-49 多舱水力旋流器

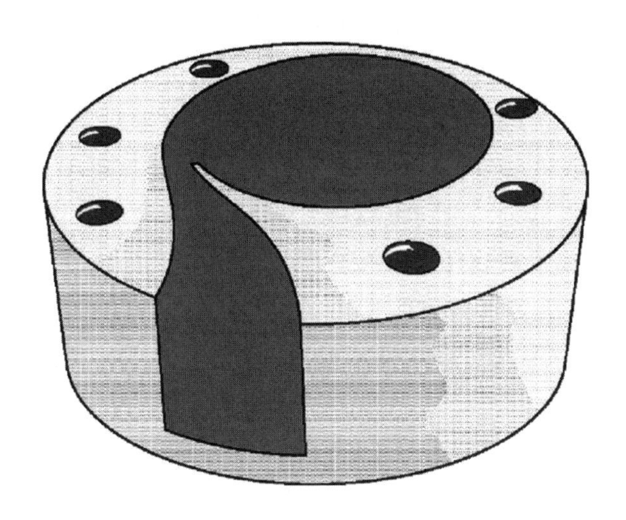

图1-50 正切入口喷嘴

9.8.3 分离机理

水力旋流器的分离机理遵从斯托克斯定律。与常规重力分离设备相比，水力旋流器的重量更大。其入口特别设计的切线入口喷嘴(见图1-50)可形成高速反轴心涡流。流体流经同心大小头和锥部时被加速(因此抵消了摩擦力损失)，分离则主要发生于圆柱形尾部，慢速小油滴在此被回收。水力旋流器的直径(例如35 mm或60mm)是指同心大小头与锥部过渡区的直径(见图1-48)。

9.8.4 定向和运行

水力旋流器可水平或垂直放置。

水平向最常见，但需要更多平面面积(甲板面积)，而维护方便(将舱从壳上移除只需42in的间隙)。

水力旋流器实现分离所需的能量来自旋流器内的压力差，最小压力为100psi(1psi≈6.895kPa，下同)，建议使用更高压力。

处理后的废水为入口流体体积的1%~3%，其10%(体积)为油，余者为水，可通过低剪切螺杆泵导回分离器。在现场应用中，油田化学剂可导致这些泵的橡胶定子膨胀，影响运行效果，此时，配有开式叶轮的低速离心泵可能更为适用。

在安装水力旋流器时，多数会在清水出口下游配装脱气装置。该装置可提供短时间停留，相当于气浮选装置的作用；在出现大的运行波动时可捕获油泥；为破乳剂发挥作用提供额外的停留时间。

9.8.5 静态水力旋流器

静态水力旋流器处理污水时需要达到一定的水流速度，而这需要至少100psi的压力。如果达不到100psi的压力，应考虑使用低剪切螺杆泵、在泵与水力旋流器之间加装更多管道或能为油滴的管道聚结提供条件的其他措施，但上述方法对小于30μm的油滴效果不佳。

① 运行

静态水力旋流器的运行主要受排废比和压降比(PDR)的影响。

排废比是指被去除的流量占入口流入流体总量的百分比(从排废口排出的水和油量)。排废口直径是固定的，通常为2mm；排废比受控于回压，与压降比

或排废出口流体成比例关系；建议排废比为相对流入物的1%～3%，而2%为最佳。2%的排废比可确保旋流器处理效率不受装置压降波动或油含量变化(可能影响运行效率)的影响。

旋流器在低于最佳排废比的情况下运行，油去除效率可能降低。如要在低排废比条件下保持处理效率，则排废口的直径应更小(但直径小时可能更易造成堵塞)。

旋流器在高于最佳排废比情况下运行时，油去除效率不受影响。

压降比(PDR)是指入口与排废口及入口与水出口之间的压差之比。最佳PDR为1.4～2之间。

影响旋流器运行的因素还包括油滴直径、入口油含量、相对密度之差、入口温度等；另外，旋流器在高于80℉(26.7℃)条件下运行时，处理效率更高。

旋流器运行时所应考虑的因素：不同设备之间差别很大(同浮选装置)；合理的设计脱油率为90%；实验室或现场测试无法准确预测旋流器的处理效率，因为其运行取决于在现场流体条件下的实际剪切和聚结情况、水中的杂质(包括处理和腐蚀化学剂残留、砂、垢、腐蚀物等)。

先用聚结装置进行初级处理，然后连接可分离500～1000μm直径油滴的除油罐，除油效果最好。

图1-51给出了水力旋流器管道安装简图。

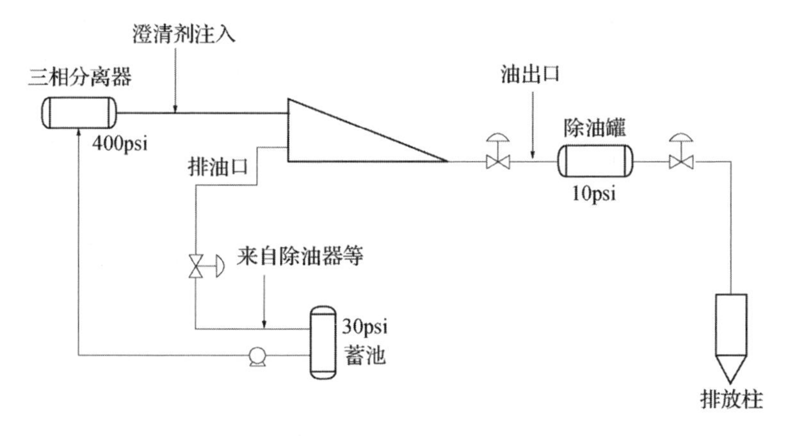

图1-51 水力旋流器作为初级处理装置的P&ID简图

② 水力旋流器的优势

没有移动部件(维护需求极低，也无需牵扯作业人员的过多精力)；设计紧凑(重量小，占地少)；对移动不敏感(适用于漂浮设施)；如果可获得入口压力，则运营成本低于浮选装置。

③ 水力旋流器的劣势

低压时需要泵来输送油；排废口易砂堵或结垢；采出水中的砂可能导致腐蚀，增加运营成本。

水力旋流器的运行还受以下因素影响：油滴直径(含量不变时)，油滴直径减小时，处理效率常变低；根据斯托克斯定律，液滴越小，流体流向水力旋流器核心部位时的速度越慢；水力旋流器无法捕获小于一定直径(约30μm)的油滴，因此，当液体中油滴直径中值减小时，更多小油滴将避过水力旋流器的捕获，导致其处理效率下降；应控制和避免流体中的液滴遭到节流装置(闭门、管件等)和泵的剪切破坏。

相对密度差：温度恒定时，水力旋流器的油去除效率随盐度增加和/或原油相对密度减小而增大；水和油的相对密度差加大时，水力旋流器中去除油的动力也增大。

入口温度：采出水在入口处的温度决定油水相的黏度和两相的密度差；温度升高时，水的黏度略微降低，而相对密度差则明显变大，这是由于油密度减小速度大于水密度的减小速度。

入口流速：水力旋流器中产生的向心力是流速的函数；流速低时，入口速度不足以形成涡流，导致分离效率低；一旦形成了涡流，分离效率缓慢提高(与流速呈函数关系)，直至轴心压力接近常压；流速的继续增加会妨碍排废口的油流出，导致装置处理效率下降；此外，高流速可致液滴被剪切。所谓最大流速就是处理空间的“处理能力”；流速可由下溢出口的回压进行控制；最大流速与最小流速之比，由可接受的最低分离效率和压降确定，是应用该装置的“极限负荷比”。

9.8.6 动态水力旋流器

动态水力旋流器采用外部马达驱动水力旋流器的外壳转动，而静态水力

旋流器的外壳是静止的，由给水压力提供能量完成油水分离(无需外部马达)。

如图1-52所示，这种旋流器由旋转圆柱体、轴向进水口和出水口、排废喷嘴和外部马达等部件组成。圆柱体的旋转产生“自由涡流”；流体的切向速度与其距旋流器中线的距离呈反比；由于结构简单，无需高压降，与静态旋流器相比，动态旋流器可在较低入口压力条件[约50psi(表)]下运行；排废比的影响也不像在静态旋流器中那样明显；但动态旋流器的成本、收益比不容乐观，因此应用并不广泛。

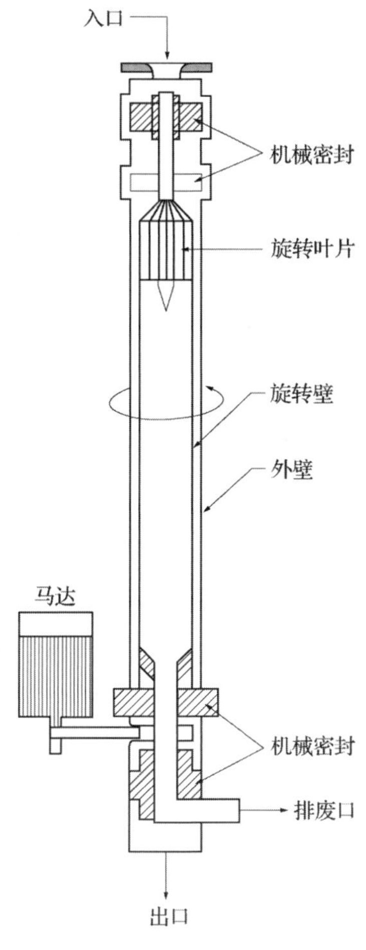

图1-52 液-液动态旋流分离器

9.8.7 选择标准和应用指南

以下情况下可用水力旋流器：油滴直径中值超过30μm；采出水进口压力至少为100psi(表)；平台甲板面积是重点考虑因素，与其他相同处理能力的水处理设备相比，水力旋流器重量轻、占地小，固体颗粒含量不高，游离气量不大，流速和给水中油含量相当稳定；维修需求少，水力旋流器没有移动部件，对维修需求不高；有电力供应限制；除排废循环泵之外，无需外部能源。

以下情况不适用水力旋流器：存在较难破乳的乳液，油滴中值小于30μm(厂家称新推出的高效处理器可去除20μm的油滴)；给水压力小于100psi(表)，此时需用泵才能形成水力旋流器运作所需的足够压力(泵导致油滴被剪切，在水力旋流器内分离更困难)；油水重力差相对较低，换言之，采出水中含有稠油；采出水中含砂量大，砂可能造成排废口堵塞和处理器腐蚀。

9.8.8 尺寸与设计

水力旋流器的运行效率可由脱油效率(E)计算得出。

$$E = \frac{(C_i - C_o)(100)}{C_i}$$

式中：C_i为给水中分散油含量；C_o为出水中分散油含量。

图1-53给出了水力旋流器脱油效率曲线。

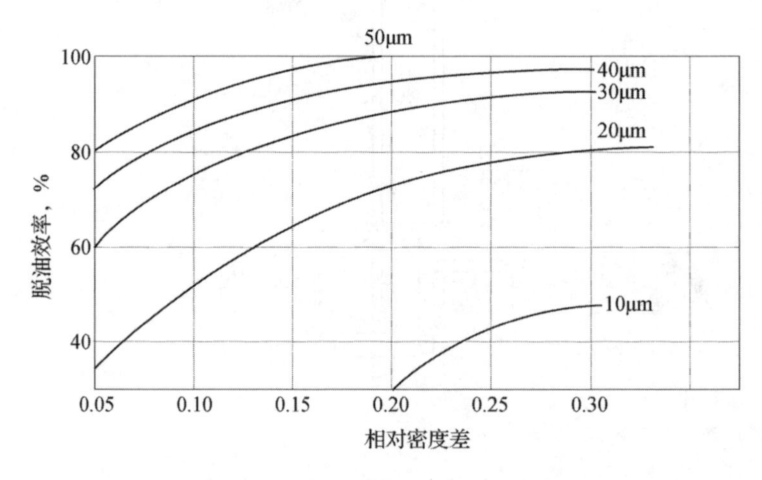

图1-53 水力旋流器的典型运行曲线

对于常见的液体(30API度的油和相对密度为1.05的水)处理，相对密度差为0.17，对40μm油滴的脱油效率将为92%(30μm为85%，20μm为68%)。

图1-54给出了水力旋流器控制示意图。

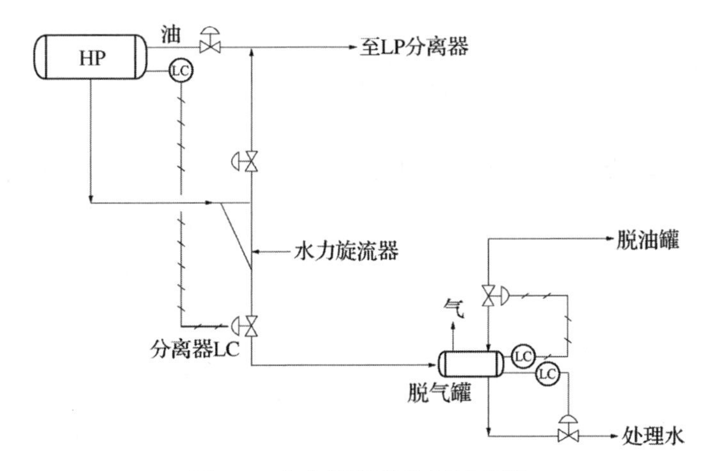

图1-54 水力旋流器控制示意图

9.9 处理柱

9.9.1 概述

处理柱的构造：大直径(24~48in)开放管，与平台相接，延伸至吃水线下。

处理柱的主要用途：将平台所有排放物导入同一地点；提供防波导水管，异常工况下进行深度排放；在装置失灵导致油溢出时发出警示或关闭。

拥有管辖权的权威机构：要求所有采出水在排放前进行处理(除油罐、聚结器或浮选装置)；允许在一些地点存放处理过的采出水和砂以及来自集水斗和甲板排水系统的液体，设备出问题时也允许这些地点作为烃液的最终存放地。

处理柱非常适合甲板排水系统。

甲板排水：主要是指自然降水或冲洗用水；含油，油滴分散于含氧清水或盐水相之中；水中的氧气加大腐蚀的可能性，与采出水混合会导致除油罐、板式聚结器、浮选装置等设备结垢和堵塞；流体受引力作用流至低点处汇集，或者由泵泵上高处进行处理或在低处就地处理。

处理柱：可防止腐蚀；在甲板上的设计位置足够低，无需泵水；不受大的瞬时流速变动的影响(流出液品质可能受到一定影响，但处理柱的运行得以持续)；无小孔径管道，不易结垢堵塞；是采出水排放前的最后一级处理设备。

9.9.2 处理柱尺寸

采出水处理设施可处理的油滴直径小于小口径处理柱可去除的油滴直径。

处理柱入口管道及管道本身因聚结作用都可能发生小规模的油水分离，但无法进行大规模的采出水处理。如果甲板排放的仅为被污染的雨水，则处理柱直径可由下式计算得出(假设需分离的油滴直径为150μm)。

油田常用单位：

$$d^2 = \frac{0.3(Q_w + 0.356A_D R_w + Q_{wd})}{(\Delta SG)} \tag{1-26a}$$

国际单位：

$$d^2 = \frac{28289(Q_w + 0.356A_D R_w + Q_{wd})}{(\Delta SG)} \tag{1-26b}$$

式中：d为管道内径，in(mm)；Q_w为采出水流速(在排污管内)，bbl/d(m^3/h)；A_D为甲板面积ft^2(m^2)；R_w为降雨速度，in/h(mm/h)，常定为2in/h(50mm/h)；ΔSG为油滴和雨水的相对密度之差；Q_{wd}为冲刷速度，bbl/d(m^3/h)[约为1500N(9.92N)，N为50gal/min(189.25m^3/h)]冲刷管数量。

关于公式(1-26)：无论是采用冲刷速度，还是降雨速度，两者同时发生的可能性非常低；采出水流速仅在采出水被引入处理柱时使用；

处理柱长度：对浅水而言，应为水深所允许的长度，以便为意外事件可能导致的大量油污提供场所；对深水而应，其长度的设计应以保证处理柱的油污装满前有警示或关闭信号为前提，并且信号必须足够明显，以便不被误作潮汐变化。

9.9.3 处理柱(海上平台)

标准水位下的处理柱的长度应确保柱底的油柱高度在达到10ft(3m)前就能预警。

油田常用单位：

$$L=\frac{(H_T+H_S+H_A+H_{SD})(SG)}{(\Delta SG)}+10 \tag{1-27a}$$

国际单位：

$$L=\frac{(H_T+H_S+H_A+H_{SD})(SG)}{(\Delta SG)}+0.6 \tag{1-27b}$$

式中：L为标准水位下处理柱深度，ft(m)；H_T为标准潮差，ft(m)；H_S为设计年度浪涌，ft(m)；H_A为报警级别，ft(m)，通常为2ft(0.6m)；H_{SD}为关闭级别，ft(m)，通常为2ft(0.6m)；SG为油相对于水的相对密度。

在浅水中，可通过气泡和短管测得报警和关闭时的油水界面，但在深水中不建议如此。为使波浪的影响降至最小，处理柱长度不应小于50ft。

图1–55为处理柱长度示意图。

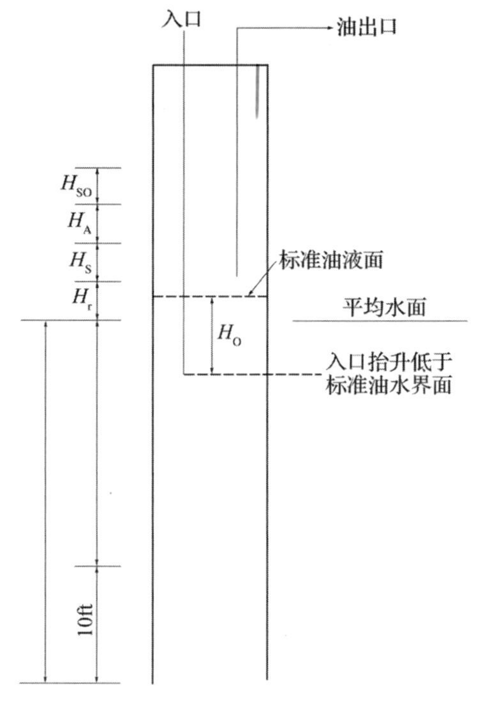

图 1–55 处理柱长度

9.10 除油柱

9.10.1 概述

除油柱增加了配有储油立管的隔油器。

9.10.2 运行

如图1–56所示：流体流经除油柱多级挡板时会形成无流区，减少了油滴上升和实现分离的距离；进入该区后，油滴有足够的时间聚结和进行重力分离；较大的油滴运移至挡板下面，进入油汇集系统。

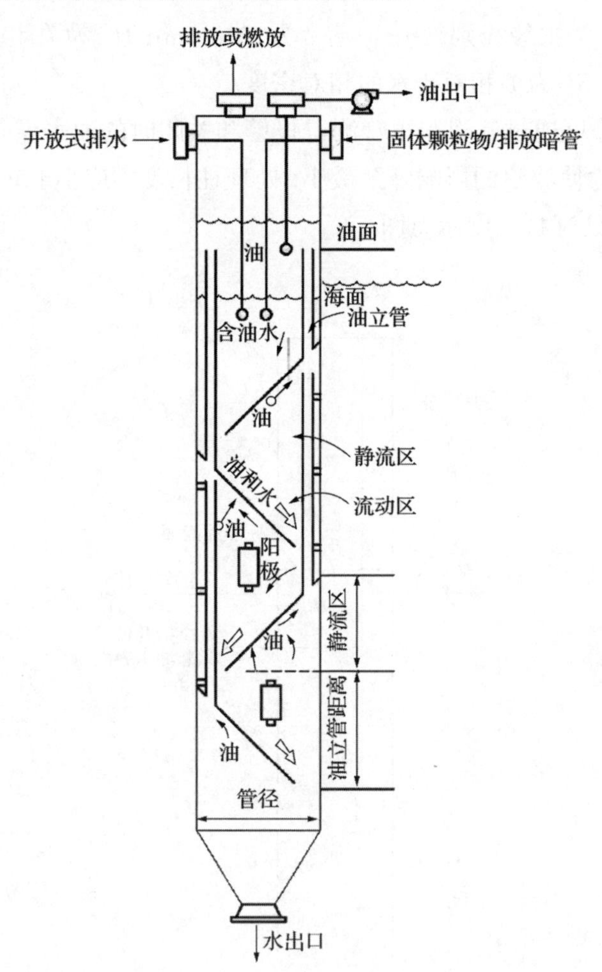

图1–56 除油柱内流态截面图

9.10.3 优点

除油柱油水分离效率高，有一定的除砂能力。

9.10.4 管理

许多有管辖权的机构都规定，在采出砂排放时，必须进行处理，以去除其中所含的“游离”油。

用标准处理柱处理的排出物中的含砂量能否达标很难保证。

砂粒在除油柱内运移会损伤挡板，也受到水的冲刷。“游离”油此时则被去除，并在静流区被捕获。

9.10.5 除油柱尺寸计算

除油柱长度的确定与其他处理柱相同。

鉴于流态的复杂性，甲板排水系统除油柱的直径可由相关公式计算。

现场经验表明，除油柱内挡板处的流体停留时间达20min，方可令处理物达到标准。据此，并假设聚结区已经处理了25%的流体，则我们可得出如下公式。

油田常用单位：

$$d^2L' = 19.1(Q_w + 0.356A_D R_w + Q_{wd}) \quad (1\text{–}28a)$$

国际单位：

$$d^2L' = 565811(Q_w + 0.001A_D R_w + Q_{wd}) \quad (1\text{–}28b)$$

式中：L'为挡板区长度，ft(m)[水下长度为L'+15ft(L'+4.6m)，以便为挡板的入口和出口提供空间]。

10 排水系统

10.1 压力(密闭)排水系统

压力(密闭)排水系统直接与压力容器相连。

进入排水系统的液体中含有溶解气，如果处理不当，可能成为隐患。

排水阀可能因意外处于打开状态，液体从容器排出后，大量的气将逸出容器进入密闭的排水系统(可能存在漏气)，必须高度注视安全性。

压力排水系统应与压力容器相连，绝不可与开放式排放系统相接。

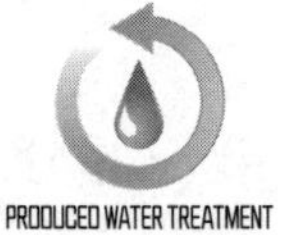

10.2 常压(开放式)排水系统

常压(开放式)排水系统用于收集溢流到地上的液体，又称“重力”排水系统。

用开放式排水系统收集的液体通常是雨水或含油冲刷水。油通常被循环处理，同时应尽可能减少随油循环的混气水。这是因为水中含氧时，将增加腐蚀机会，与采出水混合还可能导致结垢和堵塞。

通常将开放式排水管接入设有气盖、具除油功能的废油罐。为防止来自除油罐的气逸出进入排水系统的流体，废油罐入口处应进行水封。为防止开放式排水系统成为气体从某设备向另一设备转移的通路，从相应的独立建筑物或密闭空间等接出的支管都应设有水封。

10.3 环境因素

有管辖权的部门要求所有采出水在进入除油柱前进行相应处理(除油罐、聚结器和浮选装置)。

在安哥拉，所有设施为30mg/L；在文莱，所有设施为30mg/L；在厄瓜多尔，所有设施为30mg/L；在印度尼西亚，新设施为30mg/L，大型设施为40mg/L；在马来西亚，所有设施为40mg/L；在尼日利亚，所有设施为30mg/L；在北海，所有设施为30mg/L；在泰国，所有设施为40mg/L；在美国，OCS水域平均29mg/L，内陆水系要求零排放。

除油柱可收集处理过的、来自挡油罩和甲板排水系统的采出水、砂、液体，还可用作设备意外情况下烃液的最终储集处。

11 设计所需信息

11.1 设计基础

设计水处理系统的第一步是确定设计基础，因此需要各种资料，包括设备的类型和地点以及水处置方法。

11.2 排出物品质

确定排出物品质的主要决定因素是处理方法和处理设施所在地点：如将水回注废弃井，则注入目标层的渗透率将决定排出物品质；如需对固体颗粒进行过滤，则有必要将水中的含油量控制在较低水平(25~50mg/L)，以防止过滤装置的堵塞。

如果处理设施位于海上，水可向船外排放，则平台的位置将确定排出物品质；美国环保署(EPA)规定了可向美国通航水域排放的采出水中最高含油和脂的含量；美国各州或地方政府各自规定其水域排放标准。

EPA对墨西哥湾的现行排放要求规定，排放的采出砂或甲板排水系统中不得有游离油。现行采出水排出物品质规定为每月24h内取4个样本的平均值不得高于29mg/L。这些限制并非一成不变，在设计系统之前，应对不同地点的相关规定进行调研。

全球不同地区采出水处理后油含量规定如下：在安哥拉，所有设施为30mg/L；在文莱，所有设施为30mg/L；在厄瓜多尔、哥伦比亚、巴西、阿根廷，所有设施为30mg/L；在印度尼西亚，新设施15mg/L，大型设施为25mg/L；在马来西亚、中东，所有设施为40mg/L；在尼日利亚、喀麦隆、科特迪瓦，所有设施为40mg/L；在北海、澳大利亚，所有设施为30mg/L；在泰国，所有设施为30mg/L；在美国，OCS水域平均为29mg/L，内陆水系要求零排放。

11.3 采出水流速

设计采出水处理系统时，必须了解处理系统及其每个部件所需处理的水的流速。

水流速度应考虑包括采出水、雨水、冲洗水和/或灭火系统水等不同来源的水的流动情况。它们不太可能同时出现，但如果同时出现，也不能按递增法全部考虑在内进行设计。换言之，以雨水和冲洗水为例，设计时无需考虑将二者同时处理，只需对二者中量较大者进行设计。

墨西哥湾常用平台甲板上雨水设计速度为2in/h(50mm/h)。就冲洗水而言，每根冲洗管的速度可设为1500bbl/d，平台甲板灭火水龙速度通常为0.25gal/(min·ft^2)[0.95L/(min·m^2)]。

11.4 水相对密度

在设计重力分离设备时，水的相对密度是一个关键因素。此数据如欠缺，可以1.07为采水出相对密度进行设计。

11.5 水黏度

在设计重力沉降设备时，处理温度下水的黏度是个重要参数。此数据如

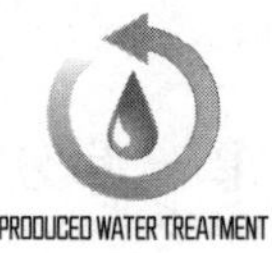

欠缺，可以1.0cP为水黏度进行设计。

11.6 油含量

在设计采出水处理系统时，必须确定采出水进入处理设备时的油含量。该数据通过实验室样本确定最佳。

人们尝试了多种方法确定油含量，但这些方法都不算成功。油含量的变化范围大，但设计时可保守地估计为1000~2000mg/L之间。

理论上可以实现流经管线、阀门、流线、分离器、安全阀和其他设备的油滴直径分布的追踪。当进入游离水分离器(处理系统上游)的油滴分布已知时，游离水分离器的理论分离数据可用于计算处理装置的出口油含量，但这需要许多参数才能确定求解公式，尤其是涉及到聚结器的一些未知参数。

11.7 溶解油含量

设计时应确定排放条件下的溶解油含量。常规水处理设备并不能去除水中的溶解油成分。EPA也并不区分可溶油和分散油。因此，排放限制中不含溶解油，设计时需将之去掉，才能得出排出液中分散油的最大含量。

墨西哥湾常见溶解油含量介于0~30mg/L之间，但最高也曾达100mg/L。如果无法测量，则建议溶解油含量为15mg/L。

11.8 油相对密度

为了确定重力沉降设备的大小，必须确定处理条件下油的相对密度。

11.9 油滴直径分布

处理系统上游的游离水分离器和/或加热处理器中的液面通常由水安全阀控制。通过水安全阀时，油滴直径通常呈分散状分布，因此游离水分离器和/或加热处理器出口的液体中的油滴直径分布并非重要的设计参数。

式(1–29)和式(1–30)可用于得出流体通过安全阀时的油滴直径分布。

$$d_{\max}=\frac{0.725}{\varepsilon^{2/5}}\left[\frac{\sigma}{\rho_{\mathrm{w}}}\right]^{3/5}(10)^{4} \tag{1–29}$$

式中：$d_{\max}$为油滴直径(高于此直径的仅占5%体积)，μm；ε为混合参数(相当于每单位质量、每单位时间所做的功)，cm^2/s^2；σ为表面张力，dyne/cm；ρ_w为水密度，g/cm^3。

$$\varepsilon = 1150\frac{\Delta\rho}{t_r} \tag{1-30}$$

当压降为50~70psi(340~520kPa)时，最大油滴直径为10~50μm，这与该阀门上游油滴的直径分布无关。

据下式计算得出的时间足以支持油滴在安全阀下游管线中发生聚结，则在管线中存在压降时，式(1-29)、式(1-30)和式(1-31)所得出的直径的油滴都可实现聚结。

$$t = \frac{\pi}{6}\left[\frac{d^j - (d_o)^j}{\varphi K_s}\right] \tag{1-31}$$

式(1-29)、式(1-30)和式(1-31)的计算极其困难，因此建议在没有相关数据的情况下，以250~500μm为最大油滴直径(注：250μm的估计较保守)。

油滴直径分布将介于0μm和最大直径之间，这一分布取决于最初设计时的未知参数。实验表明，以保守估值为基础的设计，将获得图1-3所示的直线分布式油滴。

11.10 油滴直径分布：开放式排水

EPA规定，甲板排水系统排水前应去除游离油，但实践中对汇集在开放式排水系统中的雨水或冲洗水中的油滴直径分布进行预测非常困难，而相关规章中也未明确何种直径的油滴为“游离油”。

炼油行业的常规作法是采用排放水处理设备可去除油滴直径为150μm及以上。如果没有其他数据，则建议将此数据作为废油箱和除油柱等用于处理甲板排水系统排出物的设备设计基础参数。

11.11 设备选择步骤

设计师在选择和测量整个水处理系统所需的单个设备时，应将早期数据引入设计框架。

根据相关部门规定，来自游离水分离器的采出水在排入处理柱或除油柱之前，必须进行至少一种一级处理工艺。

甲板排水系统可接入合理规模的除油柱，以去除“游离油”。

每套采出水处理系统的设计必须从游离水分离器的液体分离、加热处理

器或三相分离器出发，考虑系统的直径，并根据相关规定确定其尺寸。

除了这些限制外，设计师可合理安排系统。

前文所述的各种采出水处理设备可进行组合。在特定条件下，可将来自游离水分离器的水直接排入除油罐进行处置前的最后处理；在其他条件下，可将板式聚结器、浮选装置和除油柱一整套处理设备用于处理。

在最后分析阶段，特定设备组合及直径的选择取决于设计师的判断和经验。下述步骤仅为参考，不取代设计师的判断和经验。相关建议应随着新数据和作业经验进行修正和改进。无论何种情况，下述步聚不得在缺乏特定地区作业经验的情况下使用。

① 确定采出水的油含量。如数据欠缺，则设其油含量为1000~2000mg/L。

② 确定处理后流出物中分散油含量。如数据欠缺，则墨西哥湾和其他类似地区的含量采用14mg/L(29mg/L的含量也可，但这其中包括了溶解油含量15mg/L)。

③ 确定采出水中的油滴直径分布。如数据质量欠佳，可取最大直径250~500μm的直线型分布。

④ 确定所需处理的油滴直径(处理后流出物需符合相关标准)。用流出物水油含量除以流入物的油含量再乘以最大油滴直径(由第三步可计算得出：$d_r=d_{max}C_0/C_i$)。

⑤ 影响水处理设备选择的几个因素。选择设备的最主要因素可能是第4步计算得出的dr。如果该值小于30~50μm，可能需要采用浮选装置或水力旋流器(参看第6步)。如果面积够大(如陆地)，可考虑除油器或板式分离器。参看第10步。

⑥ 确定浮选装置所需的流入物油含量(设90%的去除率)。流入物油含量等于规定的流出液油含量乘以10。

⑦ 如果所规定的浮选装置流入物的油含量小于第1步所确定的值，则以除油罐或板式聚结器处理过的、符合相关规定的颗粒直径为准。其计算步骤为：将浮选单元流入物的油含量除以第1步油含量值，再乘以第3步的最大颗粒直径。

⑧ 确定水力旋流器流出物的油含量。假设装置去除效率为90%，下游除油罐理的颗粒直径为d_{max}=500。该值可由500乘以流出物中分散油含量(第1步)，再除以水力旋流器流出物油含量计算得出。

⑨ 在估算除油罐大小时，必须进行选择。这首先取决于系统本身，选择压力容器还是常压容器；其次是选择构造；最后确定除油罐直径(参见相应公式)。

⑩ 在设计SP板组系统时，必须选择级数。每级所能去除油滴的直径可由下式计算：

$$d_r = 1000\left[\frac{C_o}{C_i}\right]^{1/n}$$

式中：d_r为每级所能去除的油滴直径，μm；C_i为系统流入物油含量；C_o为系统流出物油含量；n为级数。

一旦每级去除油滴直径确定，就可选择是采用除油罐，还是板式聚结器并确定直径(注：内置SP板组的除油管最小直径为8ft)。

确定板式聚结器的直径(CPI或错流构造，确定直径可参见相应公式)。

选择除油罐、SP板组或板式聚结器，应考虑成本和可用空间。

选择甲板排水系统；确定设计是否主要考虑的是雨水或冲洗水速度；确定去除油滴直径为150μm的除油柱尺寸[参考式(1-26)和式(1-27)]。如果处理柱直径太大(>48in)(>1220mm)，应考虑是否应用撇油柱；否则应考虑结合采用废油罐和除油柱[参见(式1-28)]。

最后选择的设备应基于经济性考虑，可能需重复一些过程，以调查其他设备选项。在调查完所有选项后，即可选择设备，确定规格。

12 设备规格

这采用上文所述步聚选定设备类型，而且排放物符合相关标准后，每种设备的主要直径参数可按前文提供的公式得出。

12.1 除油罐

① 卧式罐设计：确定其内径和缝-缝长度。罐的有效长度可设为缝-缝长度的75%。

② 立式罐设计：确定其内径和高度，罐的高度设为水柱高度加3ft。

12.2 SP板组系统

确定罐的数量和直径，或者确定卧式罐内隔间的直径和数量。

12.3 CPI分离器

确定板组的数量。

12.4 错流装置

确定合理的板组面积。实际面积取决于厂家的标准直径。

12.5 浮选单元

厂家数据可提供信息以选择相应单元直径。

12.6 除油柱

确定其内径和长度。可选定除油柱的挡板区长度。

【例1-2】

采出水处理系统的设计。

已知条件：40API度；5000bbl/d($33m^3/h$)；甲板面积为$2500ft^2$($232.3m^2$)；排放标准为48mg/L；实际溶解油含量为6mg/L；水在重力作用下进入采出水处理系统。

第1步，设采出水的油含量为1000mg/L。

第2步，流出物水质要求油含量不大于48mg/L，溶解油含量为6mg/L，因此流出物品质要求为油含量为42mg/L。

第3步，设油滴最大直径(d_{max})为500μm。

第4步，根据图1–3，为了使采出水的油含量从1000mg/L降至42mg/L，必须将其中直径为d_m的油滴去除：$\frac{d_m}{500}=\frac{42}{1000}$，则$d_m$=21μm。

第5步，考虑是否采用SP系列罐处理系统进行处理(参见第10步)。如果不使用SP板组，且d_m<30μm时，必须采用浮选装置或水力旋流器。去第6步(注：d_m接近30μm时，不用浮选装置也可处理，此例中我们的选择相对保守)。

第6步，由于浮选单元的处理效率为90%，为符合处理后42mg/L的含油量设计要求，流入物的油含量应为420mg/L。这比第1步中定的采出水油含量为

1000mg/L要低。因此，有必要在上游安装一级处理装置对水进行初级处理。

第7步，根据图1-3，为了使采出水的油含量从1000mg/L降至420mg/L，必须将其中直径为dm的油滴去除：$d_r = 1000\left[\frac{C_o}{C_i}\right]^{1/n}$，则$d_m$=210μm。

第8步，对水力旋流器而言，采出水处理系统的入口压力过低，需要在浮选装置的上游挑选直径适宜的除油器。

第9步，除油器设计。处理过程应考虑采用压力容器(例如流体流动、漏气等)。

① 设选择了卧式压力容器

沉降公式(油田常用单位)为：

$$dL_{eff} = \frac{1000 Q_w \mu_w}{(\Delta SG)(d_m)^2}$$

μ_w=1.0(设定)，$(SG)_w$=1.07(设定)，$(SG)_o$=0.83(计算得出)，则：

$$dL_{eff} \frac{(1000)(5000)(1.0)}{(0.24)(210)^2} = 472$$

以不同直径(d)求得L_{eff}的解(见表1-7)。

表1-7 以不同直径(d)求得L_{eff}的解

d/in	L_{eff}/[ft(m)]	实际长度/[ft(m)]
24	19.7	26.3
48	9.8	13.1
60	7.9	10.5

停留时间公式：设停留时间为10min，$d^2L_{eff}=1.4(t_r)_wQ_w$=(1.4)(10)(5000)=7000。以不同直径(d)求得L_{eff}的解(见表1-8)。

表1-8 以不同直径(d)求得L_{eff}的解

d/in	L_{eff}/[ft(m)]	实际长度/[ft(m)]
48	30.4	40.4
72	13.5	17.9
84	9.9	13.1
96	7.6	10.1

国际单位：

$$dL_{eff}=1145734Q_w\mu_w/(\Delta SG)(d_m)^2$$

μ_w=1.0(设定)，$(SG)_w$=1.07(设定)，$(SG)_o$=0.83(计算得出)，则dL_{eff}=(1145734)(33)(1.0)/(0.24)(210)^2=3572。以不同直径(d)求得L_{eff}的解(见表1-9)。

表1-9 以不同直径(d)求得L_{eff}的解(国际单位)

d/mm	L_{eff}/m	实际长度/m
609.6	5.9	8.0
1219.2	3.0	4.0
1542	2.3	3.2

停留时间公式：设停留时间为10min，$d^2L_{eff}=42441(t_r)_wQ_w$=(42441)(10)(33)。以不同直径($d$)求得$L_{eff}$的解(见表1-10)。

表1-10 以不同直径(d)求得L_{eff}的解(国际单位)

d/mm	L_{eff}/m	实际长度/m
1219	9.4	12.3
1829	4.2	5.5
2134	3.1	4.0
2438	2.4	3.1

② 设选择了立式压力容器

沉降公式(油田常用单位)为：

$$d^2 = 6691F\frac{Q_w\mu_w}{(\Delta SG)(d_m)^2}$$

设F=1.0，则：

$$d^2 = \frac{(6691)(1.0)(5000)(1.0)}{(0.24)(210)^2}$$

d=56.22in，则停留时间公式为：

$$H = 0.7\frac{(t_r)_wQ_w}{d^2} \approx 0.7\frac{(10)(5000)}{d^2}$$

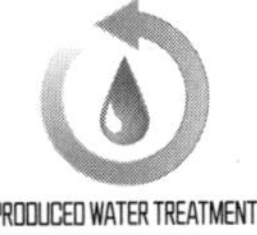

表1-11 以不同直径(d)求得L_{eff}的解

d/in	L_{eff}/ft	缝-缝高度/ft
60	9.72	12.7
66	8.03	11.0
72	6.75	9.8

沉降公式(国际单位)为:

$$d^2 = 6356 \times 10^8 \frac{Q_w \mu_w}{(\Delta SG)(d_m)^2}$$

设F=1.0，则:

$$d^2 = \frac{(6356 \times 10^8)(1.0)(33)(1.0)}{(0.24)(210)^2}$$

d=1409mm，则停留时间公式为:

$$H = \frac{21218(t_r)_w Q_w}{d^2} \approx 21218\frac{(10)(33)}{d^2}$$

表1-12 以不同直径(d)求得L_{eff}的解(国际单位)

d/mm	L_{eff}/m	缝-缝高度/ft
1524	3.0	3.9
1676.4	2.5	3.4
1829	2.1	3.0

60in(1524mm)×12.5ft(3.8m)或72in(1829mm)×10ft(3.8m)的立式容器可满足所有参数要求。根据成本和场地的考虑，我们为此例推荐72in(1829mm)×10ft(3m)的立式除油器;

第10步，调研在罐中安装SP板组的可能性，计算所需的总处理效率。

油田常用单位:

$$E_t = \frac{1000 - 42}{1000} = 0.958$$

设垂直罐直径为10ft(3m):

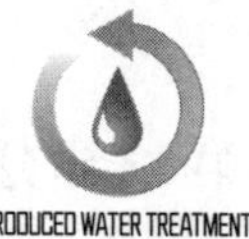

$$d_m^2 = 6691F\frac{Q_w\mu_w}{(\Delta SG)(d^2)}$$

$$d_m^2 = \frac{6691(2)(5000)(1.0)}{(0.24)(120)^2}$$

d_m=139，设SP板组可聚结1000μm液滴，则：

$$E = 1 - \frac{d_m}{1000} = 0.891$$

可接受的选择之一是两个10ft直径的SP罐串联使用。

$$E_t=1-(1-0.861)^2=0.981$$

国际单位：

$$E_t = \frac{1000 - 42}{1000} = 0.958$$

设SP板组可聚结1000μm液滴，则：

$$d_m^2 = 6365 \times 10^8 F\frac{Q_w\mu_w}{(\Delta SG)(d^2)}$$

$$d_m^2 = \frac{6365 \times 10^8(2)(33)(1.0)}{(0.24)(3000)^2}$$

d_m=139μm，设SP板组可形成1000μm的液滴：

$$E = 1 - \frac{d_m}{1000} = 0.891$$

可接受的选择之一是两个10ft直径的SP罐串联使用。

$$E_t=1-(1-0.861)^2=0.981$$

第11步 检查CPI替代器。

油田常用单位：

$$\text{板组数量}=0.07\frac{Q_w\mu_w}{(\Delta SG)d_m^2} = \frac{(0.077)(5000)(1.0)}{(0.24)(210)^2}=0.04(\text{个板组})$$

Q_w<20000时，使用1个板式CPI。

国际单位：

$$板组数量=11.6\frac{Q_w\mu_w}{(\Delta SG)d_m^2}=\frac{(11.67)(33)(1.0)}{(0.24)(210)^2}=0.04(个板组)$$

Q_w<132时，使用1个板式CPI。

第12步，在除油器和CPI两者中，推荐使用前者。其原因在于除油罐所占空间并不更大，但成本更低，并且不易堵塞。注意：还可研究是否用除油器、SP板组、CPI等取代浮选装置。

第13步，集水槽设计。集水槽的作用是处理最大雨水速度和冲洗水速。

① 雨水速度。

油田常用单位：

设R_w(降雨速度)=2in/h，A_D(甲板面积)=2500ft^2。$Q_w=0.356A_DR_w=(0.356)(2500)(2)=1780$(bbl/d)。

国际单位：

设R_w=50.8mm/h，A_D=232m^2。$Q_w=0.001A_DR_w=(0.001)(232.3)(50.8)=118$(m^3/h)。

② 冲选水速度

油田常用单位：

设N=2，$Q_{wd}=1500N=1500(2)=3000$(bbl/d)。

设N=2，$Q_{wd}=9.92N=9.92(2)=19.84$(m^3/h)。

最简设计通常需要两条水龙。由于清水也会通过排水系统进入集水坑，集水罐的直径计算应设清水的相对密度和黏度均为1.0。

③ 假设为水平长方形截面集水槽

沉降公式为：

油田常用单位：

$$WL_{eff}=70\frac{Q_w\mu_w}{(\Delta SG)d_m^2}$$

$$WL_{eff}=70\frac{(3000)(1.0)}{(0.150)(150)^2}$$

$$WL_{eff}=62.2$$

式中：W为宽度，ft(m)；L_{eff}为可发生分离的有效长度，ft(m)；H为罐高度，比罐

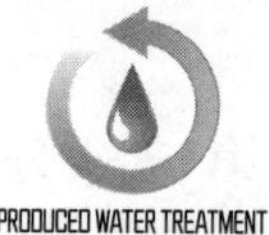

内水平面高1.5倍，或0.75W。

表1-13 不同罐宽度下的L_{eff}

罐宽度/ft	罐的L_{eff}/ft	缝-缝长度/ft	高度/ft
4	15.6	20.0	3.0
5	12.4	16.2	3.8
6	10.4	13.5	4.5

国际单位：

$$WL_{eff} = 950\frac{Q_w\mu_w}{(\Delta SG)d_m^2}$$

$$WL_{eff} = 950\frac{(19.84)(1.0)}{(0.150)(150)^2}$$

$$WL_{eff}=5.6$$

表1-14 不同罐宽度下的L_{eff}(国际单位)

罐宽度/m	罐的L_{eff}/m	缝-缝长度(1.2L_{eff})/m	高度/m
1.2	4.7	6.2	0.9
1.5	3.7	4.9	1.1
1.8	3.1	4.1	1.4

6ft(1.83m)×14ft(4.3m)×5ft(1.52m)的卧式容器可满足所有设计参数要求。

④ 加装SP板组

如果集水槽过大，不适用于平台，则可在集水槽上游加装SP板组，将流入物油滴直径增加约两倍。

加装SP板组的集水槽可由下式得出：

油田常用单位：

$$WL_{eff} = \frac{70(3000)(1.0)}{(0.15)(300)^2} = 15.6$$

表1-15 不同罐宽度下的L_{eff}

罐宽度/ft	罐的L_{eff}/ft	缝-缝长度/ft	高度/ft
3	5.2	6.7	2.2
4	3.9	5.1	3.0
5	3.1	4.0	3.8

国际单位：

$$WL_{eff}=\frac{950(19.84)(1.0)}{(0.15)(300)^2}=1.4$$

表1-16 不同罐宽度下的L_{eff}(国际单位)

罐宽度/m	罐的L_{eff}/m	缝-缝长度(1.2L_{eff})/m	高度/m
0.9	1.56	2.0	0.68
1.2	1.2	1.6	0.9
1.5	0.93	1.2	1.13

4ft(1.2m)×4ft(1.2m)×5ft(1.5m)的卧式容器(装有SP板组)可满足所有设计参数要求。上述计算可见，加入SP板组后，集水槽的体积可大幅减小。

第14步，回收油罐。设柱状罐的液体停留时间为15min，流速为浮选单元设计水流的10%，除油器设计流速的5%。

油田常用单位：

$$Q_w=(0.10)(5000)+(0.05)(5000)=750(\text{bbl/d})=\frac{0.7(t_r)Q_w}{d_2}$$

$$H=\frac{7875}{d_2}$$

$$H=\frac{0.7(15)(750)}{d^2}$$

表1-17 回收油罐的设计参数

容器直径/in	有效长度/ft	缝-缝长度/ft
30	8.8	11.8
36	6.1	9.1
42	4.5	7.5

国际单位：

$$Q_w=(0.10)(33)+(0.05)(33)=4.95(m^2/h)$$

$$H=\frac{21218(t_r)Q_w}{d^2}$$

$$H=\frac{21218(15)(4.95)}{d^2}=\frac{1575437}{d^2}$$

设不同直径求解流体高度(H)，$L_{ss}=L_{eff}+3ft(L_{eff}+0.9m)$。

表1-18 回收油罐的设计参数(国际单位)

容器直径/mm	有效长度/m	缝-缝长度/m
762	2.7	3.6
914	1.9	2.8
1067	1.4	2.3

36in(914mm)×6ft(1.8m)的立式容器可满足所有设计参数要求。

术语表

A_D=甲板面积，$ft^2(m^2)$。

C_i=入口油含量。

d=容器内径，in(mm)。

d=最终液滴直径，μm。

d_b=气泡直径。

d_m=油滴直径，μm。

d_{max}=液滴直径(流体有大于该直径的液滴仅有5%被捕获)，μm。

d_o=最初液滴直径，μm。

d_r=可去除的油滴直径，μm。

E=每个单元的效率。

E_t=整体效率。

F=紊流和短流因素。

H=水的高度，ft(m)。

h=混合区高度，ft(m)。

H_A=报警液面，ft(m)。

H_o=油垫高度，ft(m)。

H_s=设计年度风暴潮，ft(m)。

H_{SD}=关闭液面，ft(m)。

H_T=标准潮差，ft(m)。

H_w=MWL以下的油最大高度，ft(m)。

j=经验参数，总是大于3，并且取决于聚结前液滴弹起分离的概率。

K_p=质量传递系数。

K_s=特定系统的经验参数。

L=与水流轴向平行的板区长度，ft(m)。

L=低于平均水面的处理桩深度，ft(m)。

L'=坝区的长度，ft(m)。

L_{eff}=发生分离的有效长度，ft(m)。

L_{ss}=缝-缝长度，ft(m)。

N=板组数量。

N=50gal/min冲洗管数量。

n=级数或单元数。

q_g=气流流速。

Q_w=水流流速，bbl/d(m^3/h)。

q_w=流过混合区的液体流速。

Q_{wd}=冲洗速度，bbl/d(m^3/h)。

r=混合区半径。

R_w=降雨速度，in/h(mm/h)。

SG_o=油相对于水的相对密度。

SG_w=采出水相对密度。

SG_w'=海水相对密度。

$(t_r)_w$=停留时间，min。

t_r=停留时间，min。

V_o=相对水连续相的油滴垂直速度，ft/s(m/s)。

W=宽度，ft(m)。

α_w=水截面积所占分数。

β_w=容器内水高度分数。

γ=高宽比，H/W。

ΔP=压降，psi(kPa)。

ε=混合参数(相当于每单位质量、每单位时间所做的功)，cm^2/s^2。

θ=板与水平面的夹角。

μ_w=水的黏度，cP(Pa·s)。

ρ_w=水的密度，g/cm^3。

σ=表面张力，dyne/cm。

φ=油相的体积分数。

第二部分 注水系统

1 简介

1.1 概述

油田采出水中常含有杂质。杂质包括溶解矿物、溶解气、悬浮物。悬浮物可能是自然出现的，也可能由可溶固体颗粒沉淀或微生物活动生成的。可溶固体颗粒(垢)发生沉淀通常与温度、压力、pH值变化或不同来源的水混合有关。

悬浮物可能在水流中发生沉降或以悬浮的形式被流动的水所裹挟。

淡水的主要来源有地表水，如池塘、湖、河和地下水。

水源：在生产作业中，水源包括分离得到的采出水或钻遇的地下水层；这些水源的水可能含有大量溶解固体颗粒。是否需要对这些来源的水使用过滤装置进行处理，应由油藏工程师和设备工程师共同决定。

本部分的目的是提供信息，以帮助选择去除水中悬浮物的设备及规格。

水的来源影响水中污物的类型和含量。例如，采出水可能被烃类污染。

水通过处理去除其中的钙、镁等可溶固体颗粒(水的软化)非常重要，尤其是这些水还可能被锅炉加热生成蒸汽用于蒸汽驱。

但是，水软化和去除其他可溶固体颗粒的工艺和设备，并非本部分的讨论范畴。

需要将水中的悬浮物去除的场合很多，最常见的是回注产层前的水处理和为减少悬浮物腐蚀设备表面或结垢时的悬浮物过滤。

在注水之前，应将水中的大于一定粒径的固体颗粒过滤掉，从而尽可能减少固体颗粒堵塞对地层的伤害。地层堵塞会影响注入体积，耗费更大的泵能，或导致储层岩石开裂。

溶解于水中的气体(如氧气)，可能加剧地层内细菌的繁殖或加快腐蚀。水中的氧气或硫化氢可生成硫化铁、三氧化二铁、硫和垢。

经下游固体颗粒去除设备处理过后的水中仍可能有悬浮物。

如果不认真考虑溶解气问题，安装固体颗粒去除设备的益处将被部分地抵消。

任何固体颗粒去除系统设备都需要对水中的分散固体颗粒或油泥进行处理。此外，还需要一套去除这些固体颗粒的工艺。

对许多常用的注水系统而言，需去除的分散固体颗粒量可能很大。如果固体颗粒无油，可通过泥浆液排入陆地收集坑或在海上向船外处理；如果固体颗粒裹有油膜，则应在处置前进行处理。

如何处理固体颗粒上的油，已超出了本部分所述范畴。

通常采用水力旋流器擦去，或者用洗涤剂或溶剂洗去固体颗粒上的油。

在选择特定水处理系统去除某水源水的悬浮气时，需要了解该水源的年度水质数据。

为此，需进行测试，以确定水中(主要)的可溶气、氧气和硫化氢、悬浮物的总质量、悬浮物颗粒粒径分布和油的总量。

此外，如果要将某水源的水注入油气藏，必须检查和确保该水与油气藏水具有相容性，也即，在油气藏条件下，可溶固体颗粒不会大量析出而堵塞井或油气藏。

同样，如果要将来自两处水源的水在地面混合，必须检查在地面压力、温度和pH值条件下两者的相容性。

这些测试通常在专门提供此类服务的实验室进行。注入水中可接受的固体颗粒含量和颗粒粒径以及可接受的可溶气量的确定，不是本部分的讨论范围。

本部分首先探讨了从水中去除固体颗粒的工艺所涉及的理论，其次讨论了所使用的设备，最后是在特定应用条件下设备选择所应遵循的设计程序。

水中固体颗粒去除和可溶气去除其实是两个独立的概念，其所采用的理论和设备也是独立的两套。

设计师设计注水所用的水处理系统时，通常将两者放在一起考虑。

本部分只讨论水中固体颗粒的去除，不探讨可溶气的去除。

水的软化以及饮用水和锅炉给水的制备是水处理工艺中的重要组成部分，但并非本部分所探讨的范围。

1.2 固体颗粒含量

在水流中去除固体颗粒悬浮物基于多种原因。

注水或提高采收率的注水系统进行杂质去除，是其最常见的工艺步骤。

这将采出水注入废弃井之前，可能也有必要去除其中的悬浮物。

在研发去除水中固体颗粒的设备时，采用了两种不同的原理。重力沉降法利用固体颗粒与水的密度不同来实现去除水中固体颗粒的目的。浮选法利用可通过水的过滤介质去除固体颗粒。

如果水中的固体颗粒含量过低或固体颗粒尺寸过小，可在注水压力不高的情况下将未经过滤的水进行回注。

水中的颗粒数量和尺寸以及地层的注入状况信息：可用于确定是否需要过滤；可用于确定采用何种类型的过滤；水流中的悬浮物含量通常以mg/L表示。悬浮颗粒粒径通常以μm表示。

1.3 油含量

去除油总是有助于提高井的注入性能。

1.4 采出水

采出水中常含有杂质，对砂岩地层的渗透率有较大影响，砂岩地层的渗透率通常小于200mD($1mD \approx 1 \times 10^{-3} \mu m^2$，下同)。

此类水可注入多孔(孔或洞)地层和裂缝高度发育的灰岩。

如需持续注水，需在注水前对采出水进行过滤。

1.5 深部砂层水源水

完井后通常需对水源水进行至少为期数周的过滤，以确保这些水不再含有沉淀。

如确定水中不含沉淀，可停止过滤，并继续密切观察，直至完全确定其无需再进行过滤。

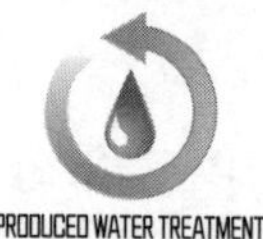

水源井的泵被取出或在井中开展其他作业时，应暂时恢复过滤。

可供挑选的过滤装置和沉淀去除装置有数种之多。

2 固体颗粒去除理论

2.1 水中悬浮物的去除

需去除悬浮物的情形主要有：用于注水的注水系统、提高采收率作业和将采出水注入废弃井前。

悬浮物可用下列方法去除：过滤、重力沉降、利用固体颗粒与水的密度差别去除固体颗粒

过滤是通过过滤介质捕获特定粒径的固体颗粒，但水流经介质无碍。

水流中的悬浮物含量通常以mg/L表示。

悬浮颗粒粒径以μm表示。

设备或过滤器处理悬浮物的能力表示为：在大于某一特定粒径的所有悬浮颗粒中被去除部分的占比。

重力分离器处理固体颗粒粒径为150μm。

过滤器所能处理的固体颗粒小于0.5μm。

小于40μm的悬浮物超出了肉眼能够观察到的范围。

图2-1给出了常见材料的相对尺寸。

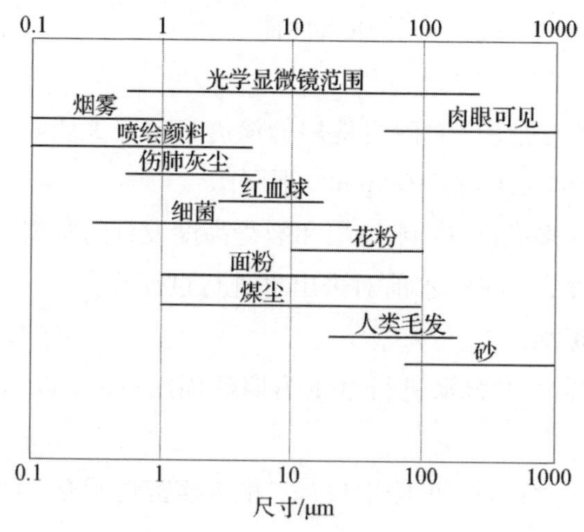

图2-1 常见材料的相对尺寸

2.2 重力沉降

固体颗粒的密度大于水的密度，因此在重力作用下，固体颗粒会在水中发生沉降。

临界沉降速度是指重力作用于固体颗粒的力等于摩擦产生的抵抗牵引力时的速度。

设颗粒为球状，则牵引力可由下式得出：

$$F_D = C_D A\left|\frac{V_t^2}{2g}\right| \tag{2-1}$$

式中：F_D为牵引力，lbf(kgf)；C_D为牵引系数；A为颗粒截面积，$ft^2(m^2)$；ρ为连续相密度，$lb/ft^3(kg/m^3)$；V_t为颗粒临界沉降速度，ft/s(m/s)；g为重力常数，$32.2ft/s^2$ $(9.81m/s^2)$。

小颗粒在水中的临界沉降速度较低，围绕颗粒的流体为层流。

因此，斯托克斯定律可用于确定牵引系数：

$$C_D = \frac{24}{Re} \tag{2-2}$$

式中：Re为雷诺数。

设重力引发的下沉力等于牵引力，就可推出下式计算颗粒的临界沉降速度。

油田常用单位：

$$V_t = \frac{1.78\times10^{-6}(\Delta SG)d_m^2}{\mu} \tag{2-3a}$$

国际单位：

$$V_t = \frac{5.44\times10^{-10}(\Delta SG)d_m^2}{\mu} \tag{2-3b}$$

式中：ΔSG为颗粒与水相对密度之差；d_m为颗粒粒径，μm；μ为水的黏度，cP(Pa·s)。

式(2-3a)或式(2-3b)可用于确定几种重力沉降设备类型的大小。

设备包括陆上和海上两类。其中，陆上(场地宽裕)设备有沉淀池、坑、水

槽、罐；海上设备有平行板拦截器(PPI)、波纹板拦截器(CPI)、错流分离器、水力旋流器、离心机、浮选装置。

重力沉降装置的特点包括：可去除大颗粒(大于10μm)、运行要求流速低和停留时间长、易受化学添加剂影响、装置较低效、占地面积大。

2.3 过滤

过滤是将水流经多孔过滤介质以去除其中的固体颗粒悬浮颗粒的过程。

粒径大于介质孔隙直径的颗粒将被捕获。

过滤介质的孔隙直径决定被其捕获的最小颗粒的粒径。

流体中悬浮颗粒的分离主要通过惯性撞击、扩散拦截和直接拦截三种机制实现。

2.3.1 惯性撞击

流体中的颗粒(1~10μm)具有质量和运动速度，因此也存在相关动能(见图2-2)。

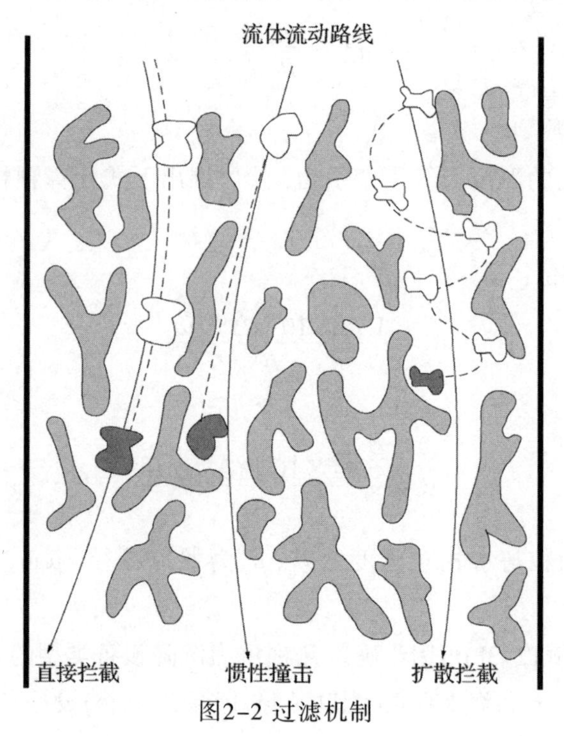

图2-2 过滤机制

当液体和其中的颗粒通过过滤介质时，液流会选择阻力最小的道路流动，并绕过介质纤维；颗粒则受其动能驱动，沿直线前行，位于或靠近流线中心的颗粒碰到介质纤维而被捕获和去除。

由于颗粒和流体的密度差别不大，偏离流向的液体较少，因而利用这一机制来实现液体过滤的效果不佳。

2.3.2 扩散拦截

对于粒径非常小的颗粒(即质量很小，粒径小于0.3μm)，水、固分离可通过扩散拦截实现。

固体颗粒与液体分子碰撞。两者间的碰撞导致悬浮颗粒沿流体流向随机移动。该运动被称为布朗运动，可使小的颗粒偏离流向，从而提高其与纤维面接触的机会而被滤除。

扩散拦截对液体过滤效果不佳，其原因是液流的固有特性减小了颗粒偏离流向的侧向运动机率。

2.3.3 直接拦截

直接拦截对液体和气体都同样有效。

可有较分离液体中粒径介于0.3～1μm的颗粒。

过滤介质由大量纤维构成，其间的孔隙直径固定。

流体中大于孔隙直径的颗粒将被去除。

大量粒径小于孔隙直径的颗粒也被过滤介质捕集，其原理如下：

大多数悬浮物颗粒形状不规则，可在孔隙上搭“桥”；

两个或多个颗粒同时撞向一个孔隙时产生“桥接效应”；

一旦一个孔隙捕获了一个颗粒，该孔至少会发生部分阻塞，后续可捕集流体中更小粒径的颗粒；

特定表面接触可导致小颗粒黏着在介质孔内表面。如果表面所携电荷相反，比孔隙小很多的颗粒更可能黏着在孔隙内。强负电荷过滤器可导致负电荷不大的颗粒带正电荷。

3 过滤器类型

3.1 无定型孔隙结构介质

此类介质的主要过滤机制为惯性撞击和/或扩散拦截。此类介质为非刚性材质制造，在压降变化时或发生轻微变形和位移，从而令其上的孔隙大小发生变化。

过滤过程是拦截过程，也是颗粒吸附过程。

过滤器在工作一段时间后，会汇集一定量的颗粒，流量和压力陡增会导致部分被捕集的颗粒获释。

以下为最常见的过滤器类型：自由玻璃纤维过滤器、线绕或袋式过滤器、模塑纤维素过滤器、纺丝聚丙稀过滤器、砂和其他粒状介质床、硅藻土过滤器。

3.2 定型孔隙结构介质

此类介质由多层介质或较厚的单层介质构成，主要通过直接拦截机制实现过滤。

此类介质的结构特征有：介质的结构部分无法变形，因此介质内流体流经的通路是弯曲的；孔隙大小不变。

此类介质的颗粒去除效率较稳定，固体颗粒卸载量较低。

其在油田应用的新技术，还包括树脂浸渍纤维素过滤器、树脂黏结玻璃纤维过滤器、连续聚丙烯过滤器。

此类介质最终将因固体颗粒汇集使过滤器内压降过大而无法继续运行。此时，必须更换或清洁过滤器。

一台过滤器每单位体积去除的固体颗粒量被称为固体颗粒负荷。不同类型的过滤器的固体颗粒负荷能力不同。过滤器的固体颗粒负荷受过滤器设计和所用介质材质的影响。

图2-3给出了三种过滤器的截面，可采用不同纤维介质制成，包括玻璃纤维、纤维素、棉或聚丙烯；都有相同的过滤面积和孔隙尺寸；唯一的不同是制作介质的纤维直径。右图过滤器单位体积所含孔隙是左图的16倍，因此其固体颗粒负荷能力也比后者大很多。

3.3 表面介质

表面介质又称网眼介质，其所有的孔隙均位于同一个面，因此主要依靠直接拦截机制进行过滤。此类介质包括金属筛网、无纺布、膜式过滤器，可过滤

任何大于最大孔隙尺寸的颗粒。小于最大孔隙的颗粒可能因孔间搭桥等原因而被拦截，因此不能确保防止这些颗粒进入装置下游。金属筛网的最小孔隙直径为5μm。

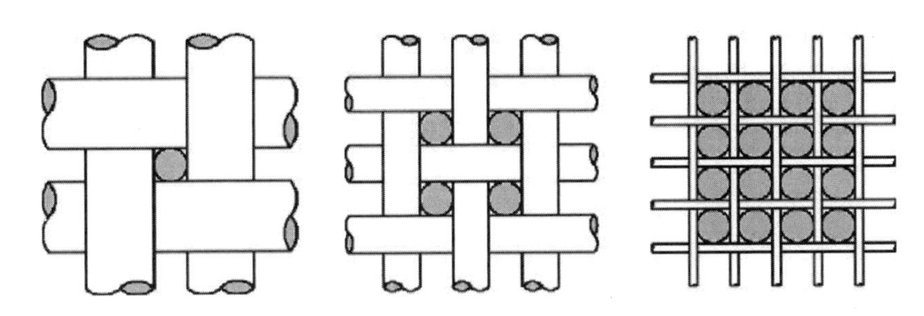

图2-3 过滤器孔隙直径影响过滤器固体颗粒负荷能力

3.4 过滤器类型总结

过滤器分类如下：

① 无定型孔结构，其孔隙尺寸随压力增加而增大(绕线式、低密度过滤器)。

② 定型孔隙结构，其孔隙不随压力增大而变大(膜式过滤器)。

③ 筛网介质(无纺布或筛网)。

无定型结构过滤器没有绝对标称值，受介质位移影响较大，常发生颗粒卸载；这类过滤器的下游常安有定型孔过滤器，或为通过改变过滤器介质深度获得更高固体颗粒负荷能力的多介质过滤器；其初级滤层的孔隙较大，可去除较重的颗粒(粒径最大的颗粒)，其后的滤层可去除下游更小的颗粒。

与筛网过滤器相比，定型孔结构过滤器更高端，具较强的灰尘/单元面积处理能力，对于大于特定粒径的颗粒可实现绝对滤除；过滤器受冲击时，对于被拦截的小于这一粒径的颗粒能实现最低释放量。

4 过滤精度

4.1 概述

过滤精度非常重要，但目前尚无通用的过滤精度标准，下文罗列了一些过滤精度标准。

4.2 标称过滤精度

美国国家流体动力协会(NFPA)关于标称过滤精度的叙述如下：

由过滤器厂商基于特定颗粒粒径或大于该粒径的颗粒的过滤比例(μm)而确定的任意过滤精度值(不具有通用性)；流入(上游)过滤装置的流体中存在“污染物”；对流体的流动(过滤装置的下游)进行显微分析。

过滤器的给定标称过滤精度意指98%(按重量计算，下同)大于特定粒径的污染物被去除，2%污染物通过过滤器到达下游。此为称重法测试，而非颗粒计数测试的结果。

对过滤装置的上、下游进行颗粒计数是更有效的测量过滤效率的方法。

对无定型孔隙结构过滤装置进行测试得出的标称过滤精度结果有误导性，常见问题如下：

① 98%的过滤污物是根据特定污染物在特定含量和流态下确定的，任何测试条件的变化都可能导致结果的巨大差异。

② 2%流经过滤装置的污染物并非由测试确定，对一个标称过滤精度为10μm的过滤装置而言，不太可能让30~100μm以上粒径的颗粒进入下游。

③ 测试数据通常无法复制，特别是不同的实验室之间尤其如此。

④ 一些厂商并不以98%为标称过滤精度，有时以95%、90%甚至更低为其标称精度。因此，有时标有绝对过滤精度为10μm的过滤器比标称精度为5μm的效率更高。所以，有必要检查设备的标称精度。

⑤ 这些测试所用的高含量上游污水并非设施常见的正常工作条件，因此得出的测试结果偏高。平均孔隙直径为5μm的金属丝网过滤器常可通过10μm的颗粒，但是，对于正常的系统污物，同样的过滤介质可通过粒径几乎达到10μm的颗粒。

因此，不能想当然地认为标称过滤精度为10μm的过滤器能拦截所有或大多数10μm(或更大粒径)的颗粒。

一些过滤器厂商仍继续使用标称过滤精度，其原因在于：可使其过滤器看起来比实际的更好；对于非固定孔隙结构的过滤器，绝对过滤精度无法确定。

4.3 绝对过滤精度

美国国家流体动力协会关于绝对过滤精度的定义为：在特定测试条件下可通过过滤器的硬球状颗粒的最大粒径。绝对过滤精度也指示了过滤器的最大孔隙直径。

该精度值只可用于描述完整黏结的介质。

有许多测试方法可用于确定精度，而采用哪一种测试方法则取决于厂家、被测试介质的类型和处理行业。

通过破坏性测试确定过滤器的过滤精度。用泵使含有已知污染物的悬浮液流经过滤器，对流入和流出水进行污物含量测试。注意：测试完成后的过滤器不能再用。

非破坏性测试的目的是建立其与破坏性测试的相关性，测试后过滤器可再次使用。

4.4 β精度系统

该精度系统采用的是俄克拉荷马州立大学(OSU)的F-2过滤器测试方法，可用于测量和预测特定条件下各种类型的过滤器性能。该方法是基于流入液和流出液中几种不同颗粒粒径的总颗粒计数的方法，可用于描述过滤器去除效率。

β精度(B_X)定义如下：

$$B_X = \frac{N_{\text{particles}}(\geqslant X_{\text{influent}})}{N_{\text{particles}}(\geqslant X_{\text{enfluent}})}$$

式中：X为颗粒粒径，μm；N为颗粒数。

过滤器对特定大小颗粒的滤除效率可直接从β过滤精度获得，计算方法如下：

$$\text{滤除效率}(\%) = \left(\frac{B_X - 1}{B_X}\right) \times 100\%$$

表2-1给出了β精度和滤除效率之间的关系。

实际运行的绝对精度值一般取B_X=5000。采用β值可对不同过滤器、不同颗径颗粒的过滤效率进行比较。

在选择过滤器时，下列参数非常重要：过滤器介质类型、精度(标称、绝对或β值)、固体颗粒负载。

设计师应注意厂商关于精度的确切定义。

表2-1 β精度与滤除效率的比较

每毫升所含颗粒数量(≥10μm)			β精度(B10)	滤除效率，%
过滤器	流入物含量	流出物含量		
A	10000	5000	2	50
B	10000	100	100	99
C	10000	10	1000	99.9
D	10000	2	5000	99.98
E	10000	1	10000	99.99

5 选择合适的过滤器

5.1 概述

为特定应用选择过滤器时需要考虑的因素有：过滤颗粒的粒径、形状和硬度；颗粒数量；过滤流体的性质和流量；流体流动速度；流动是否稳定、是否可变和/或呈间歇态；系统压力及压力稳定或可变；压差；介质与流体的兼容性；流体温度；流体性质；颗粒汇集的可用空间；要求的过滤程度。

5.2 流体性质

介质材质、过滤器硬件及外罩必须与将过滤的流体具有相容性。

流体可能腐蚀过滤器的金属芯或压力容器，腐蚀物也会反过来污染过滤流体。

5.3 流速

通过过滤器的流速取决于压降(ΔP)和过滤介质对流体的阻力(R)。

如果压降增加，则流经介质的流体速度也将增加。

黏度增加，需要更高压力维持相同流速。

5.4 温度

过滤时的温度可影响：流体的黏度、外罩被腐蚀速度、过滤介质的相容性。

确定过滤温度下流体的黏度非常重要。

高温可造成腐蚀加速，或使衬垫和外罩密封性能下降。一次性过滤介质无法抵御长时间高温，通常需选用多孔金属、可清洁过滤器。

5.5 压降

压差可以推动流体流经过滤装置，并克服流体阻力和ΔP。

过滤系统必须提供足够的压力，以便克服过滤器阻力；或在介质堵塞时，允许流体继续以可接受的速度流动，从而充分利用过滤器拦截颗粒的能力。

最大容许压降：为了维持流速，需施加额外系统压力，但压力超过某限度之后，过滤器可能发生结构性失效；相关信息可参见过滤器厂商的标注。

5.6 表面积

大多数筛网和固定孔隙结构过滤器的使用寿命随其表面积的增大而大大延长。

表面积的增大至少可使其使用寿命成比例延长。

使用寿命比约等于表面积比的平方。长远来看，较大的过滤装置虽然初期成本较高，但因使用寿命长反而能节省资金。

5.7 孔隙体积

孔隙体积最大的介质最佳，原因是其使用寿命较长，每单位厚度的初始清洁压降最低。

设孔隙尺寸不变，随着过滤器粒径减小，孔隙体积增大。

在为特定应用设计过滤器时，必须考虑的其他因素包括：强度、有压力时具有可压缩性(因压力会减小孔隙体积)、过滤流体时的压缩性、介质成本、将介质置入过滤器的成本。

5.8 过滤程度

过滤器过滤流体中的污染物必须达到工艺所要求的程度。

在确定可过滤的污染物尺寸后，就可选择符合工作要求的过滤器。

选择的过滤器的孔隙尺寸小于所要求的尺寸，将导致经济损失。过滤器孔隙越小，堵塞得越快，成本越高。

选择的过滤器必须能够捕获目标流体中滤出的固体颗粒。深度型过滤器

的孔隙随压力增加而增大，这类型过滤器受颗粒卸载的影响较大。对于表面过滤器或定型结构过滤器，一旦选定介质，则其结构在系统产生的应力下不会变形。

5.9 预过滤

预过滤可去除大量较大粒径的固体颗粒，可通过延长末端过滤器的使用寿命大幅降低运行总成本。但其本身并不足以完成预过滤任务，降低总成本通常是选择这一工序的主要考虑因素。

现场经验表明，对固体颗粒较统一的流体进行过滤时，最好增大末端过滤面积，而不是进行预过滤。增大末级过滤面积能获得更长的循环时间和更低的运营成本。

末端过滤器过滤面积翻番，可使其使用寿命增加2~4倍。另外，在过滤装置上游安装沉降设备、水力旋流除砂器或更大孔隙空间的砂过滤器来过滤小粒径固体颗粒，比单纯增加末端精细过滤面积更为经济、有效。

5.10 混凝和絮凝

水中可能含有非常小的固体颗粒悬浮物，这些悬浮物用重力法无法沉降，也能通过过滤器。此时，需采用混凝-絮凝工艺将之去除。

混凝是指通过中和电荷实现扰动的过程，絮凝是指将扰动或聚团的颗粒结合成较大凝聚团的过程。

混凝和絮凝的效果，通过水分析难以预测。

实验室悬浮物分离测试可用于模拟混凝和絮凝条件，为确定设计和有效运行提供基础数据。这种测试可用于确定混凝的最佳pH值、最有效的混凝和混凝剂、最有效的混凝剂量和化学添加剂的添加顺序、混凝和絮凝的时间、沉降时间或絮凝时间。

所用的化学剂包括：漂白粉、皂土(用于低浊水)、常用无机混凝剂、pH调节剂、聚合电解质、漂白粉(氧化具有分散作用的有机污染物而发生混凝)、含较高含量有机物的水(对絮凝剂用量要求较高)、氯(在加入混凝剂前加入，或可减少所需的混凝剂用量)。

聚合电解质是指所有可通过混凝实现水净化的水溶性有机聚合物，主要分为阴离子聚合物、阳离子聚合物和非离子聚合物。它们多为长链、高分子聚合物，带有多个电荷，有助于混凝和絮凝。混合聚合电解质如果过于剧烈，可能打破其链条，导致其效果下降。如果在设备上游足够远处注入化学剂，则管线里的紊流已足以实现聚合电解质的混合。

添加化学剂需安装混合器(装有混合装置的罐，可生成紊流，使化学剂与固体颗粒物接触)；安装浮选装置有助于气泡附着于固体颗粒；向过滤装置注入原料流，以提高过滤效率。

6 水相容性测量

垢通常是盐，或钙、镁、铁、铜和铝的氧化物。常见的垢可能包括以下成分：碳酸钙、磷酸钙、硅酸钙、硫酸钙、氢氧化镁、磷酸镁、硅酸镁。

水中结垢或导致腐蚀的可能性可由以下指标测量：朗热利耶(Langelier)结垢指数(LSI)又称饱和度指数(见表2-2)、雷兹纳(Ryznar)稳定指数(RSI)又称稳定指数。

表2-2 饱和指数

计算方法	pCa	定位ppm计上碳酸钙的钙ppm值，水平移到左对角线下至pCa座标
	pAlk	参照碳酸钙在ppm计上定位M碱值，水平移至右对角线下至pAlk座标
	总固体颗粒	在ppm计上定位总固体颗粒物含量值，水平移至合适的温度线向上至C座标
实 例	温度=140℉, pH值=7.80； 钙硬度=200μg/g； 镁碱性=160μg/g； 总固体颗粒=400μg/g	pCa=2.70； pAlk=2.50； 140℉时C=1.56； 共计=pH 3=6.76； 实际pH=7.50； 差=1.04

6.1 饱和度指数(LSI)

饱和度指数用于测量水与碳酸钙达成平衡时的条件，为碳酸钙沉淀或溶解提供量化指示。

该指数是将水样的实际pH值减去基于碳酸钙的钙硬度、碱硬度和总固体颗粒数(如图2-4所示，表2-2中的实例)得出的值。如果指数为正，则碳酸钙易

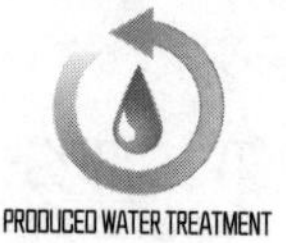

于结晶沉淀；如果指数为负，则碳酸钙易于溶解。

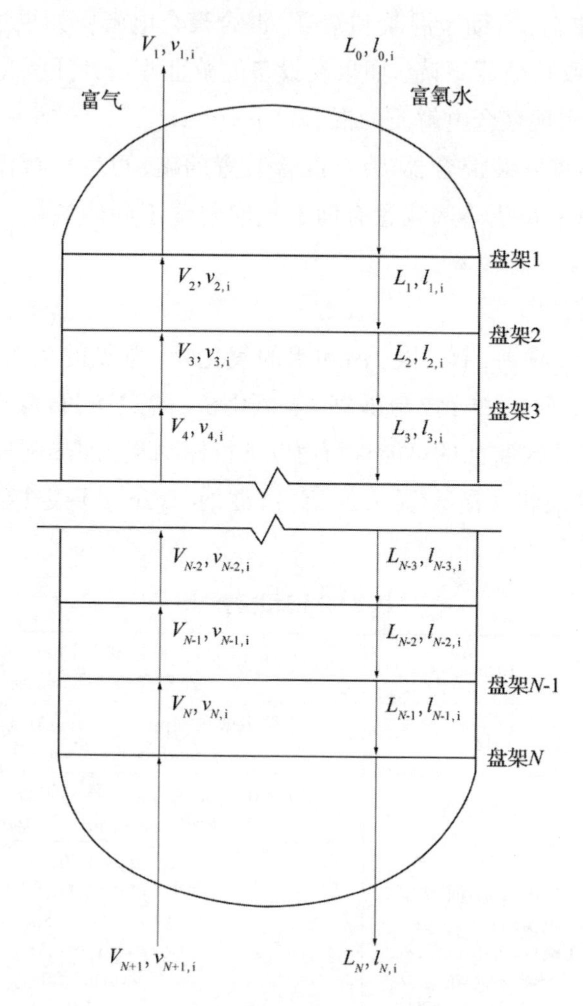

图 2-4 朗格里尔结垢指数表

(摘自GPSA工程数据手册，致谢Betz实验室有限公司)

6.2 稳定指数(RSI)

稳定指数可由下式计算：

$$RSI=2Ph_s-pH_A$$

当指数小于6时，水垢出现；指数介于6~7之间，表示水稳定；指数大于7，表示存在潜在腐蚀问题。

可用以下方法控制结垢：放空，以防止垢的堆积；酸化处理，以减少水的碱性；使用商业防垢剂(如聚合电解质、磷酸盐和聚合物)来控制结垢。

7 固体颗粒去除设备描述

7.1 水源

7.1.1 注水处理步骤

图2-5给出了注水前水的处理步骤。选择何种水处理工艺取决于水源。

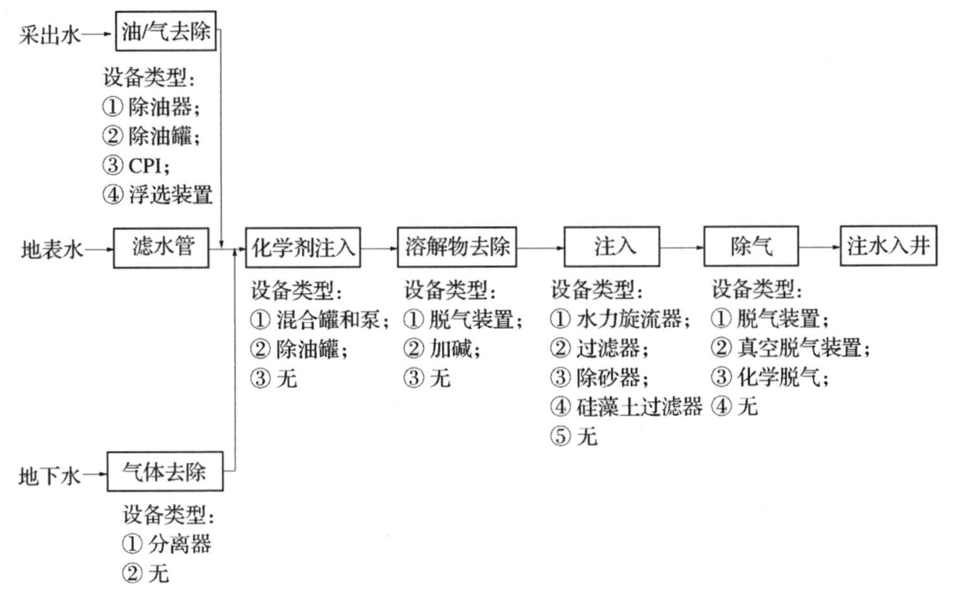

图2-5 注水系统水处理步骤和设备类型

7.1.2 采出水

采出水中烃类含量降至可接受水平(25~50mg/L)时，可排放处理。

在将水用于回注时，可能需要进行过滤，以去除分散油滴；防止对注入层造成伤害；水质必须清洁，即其悬浮油含量应小于50mg/L，以防造成过滤装置的油滴堵塞。

7.1.3 地表水

地表水是水驱和其他注入项目的常用水源，比地下水价廉，但比其他水源需要更多的处理工艺。地表水是淡水，可能导致一些地层发生黏土膨胀，但通常不含植物或海洋生物等大块污染物。图2-5所示的过滤管的目的是为了防止这类物质进入处理设施。

地表水暴露于大气之中，因此有溶解氧。为了尽可能减少腐蚀和细菌繁殖，应先进行脱氧。水中的氧含量随水温的不同而有变化。必须设置脱气设备，以最大限度去除可能含有的氧。多数地表水的含氧量为8μL/L。

地表水使用时需注入化学剂。可加入杀生剂抑制处理系统中微型海洋生物、细菌、浮游生物的生长；可加入防腐剂，以尽可能减少设施表面的腐蚀；可定期或持续加入杀菌剂，以尽可能抑制细菌生长；注入化学剂(如除氧剂)，可与污染物发生反应并去除或改变之。

可加入化学剂，以防止地面设备结垢、油气储层条件下固体颗粒沉淀。

7.1.4 地下水

地下水也可用水源井的水。与油气区相比，地下水水区更接近于地表。钻井和维护水源井的成本通常比生产井要低得多。

在自然压力下水很难自流至地表，因此必须采用泵送或气举。

如果采用气举方式将地下水输送至地表，则需安装分离设施。水中有少量溶解气不会对地面设备或注入地层造成伤害，因而两相分离器即可应对这种情况。

如果用于气举的气中含有酸性气或氧气，则有必要进行处理，以去除或中和有害气体。

地下水是处理成本最低的水源。钻水源井的成本和泵送或气举的成本，可能增加这类水的获取成本。

7.1.5 溶解矿物和盐

所有来源的水中都含有矿物和盐。这些矿物和盐一般保持溶于水的状态，因此不会造成问题。

7.1.6 水的配伍性

如果将采出水与其他来源的水混合进行水驱，则应确认水与水之间的配伍性。

在采出水与其他水混合，或者改变采出水的pH值或温度时，可能导致结垢。

注入水与目标地层中的水的配伍性也需检查，以确保其在油气储层内不会结垢。

可能需要向井中加入化学剂，以防止地层结垢。

7.1.7 过滤

去除悬浮物的目的是为了尽可能减少地层堵塞。在注入地层的水中的固体颗粒粒径大于特定尺寸时，可能会导致井筒地层堵塞，地表注入压力上升或流速下降。

所需的过滤程度取决于目标地层的渗透率和孔隙尺寸。

最终选定的过滤设计应能尽可能减少地层堵塞和减少修井频次。

过滤系统的选择主要基于经济性，需要在修井工作成本与过滤系统成本之间寻找平衡。

在将水注入弃置井时，过滤标准可降低。弃置井的钻探和维修费用通常较低廉，同时也比注水井易于压裂。

封堵一口弃置井的经济风险可能低于向一口井产层注水所导致的经济风险。

检查注入水与目标地层配伍性的测试包括：

① 对注入水进行化学分析，以了解阴离子和阳离子的情况；

② 进行岩心堵塞测试，确定可注入地层而不造成堵塞的最大颗粒粒径，以及可行的注入速度和压力。

7.2 重力沉降罐

重力沉降罐是去除水中固体颗粒最简单的处理设备，主要有立式(见图2-6)和卧式(见图2-7)结构。

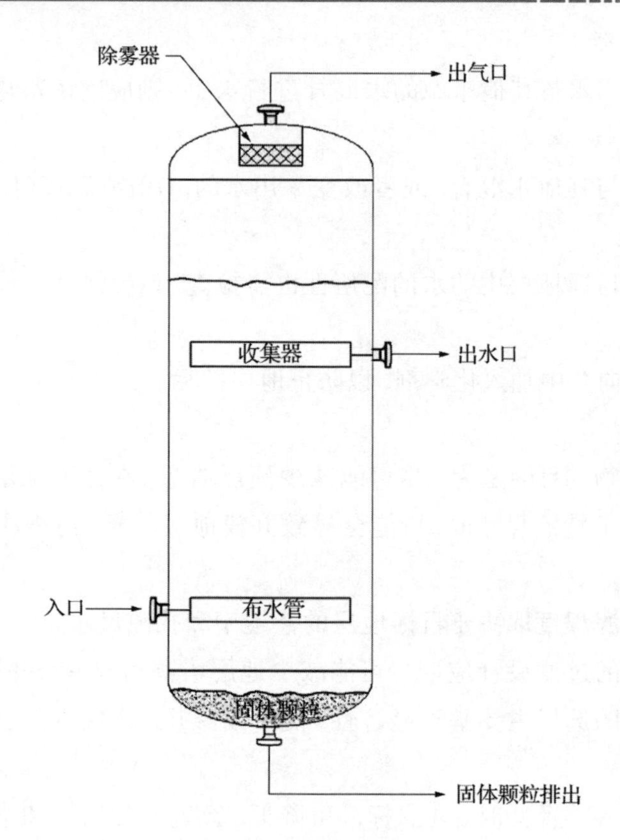

图2-6 立式罐示意图

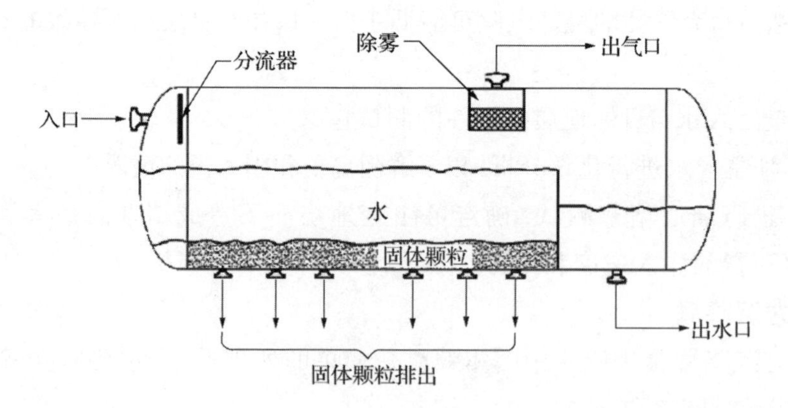

图 2-7 卧式罐示意图

7.2.1 立式罐

水进入罐内，并上行至出水口；固体颗粒则下行与水错流，于底部汇集；大直径罐设有布水管和汇集装置，以分配水流和尽可能减少短流；出水口较高，可更好地去除液体中的固体颗粒；底部采用锥底而非椭圆封头，因其能通过排泥系统更好地去除固体颗粒；锥底与水平面夹角介于45°～60°之间，以克服砂的阻力，实现固体颗粒的自然流出；水中生成的轻烃气通过罐顶的出气口排出。应尽可能将轻烃气量降至最小，以避免影响小粒固体颗粒的去除；如果出现大量轻烃气，则小气泡将附着于固体颗粒上，并将其携至水面，然后至水出口。

7.2.2 卧式罐

固体颗粒与水流呈垂直关系下降；入口通常高于罐内水面，以便轻烃从水中分离后再进行固液分离；汇集的固体颗粒经排泥装置定期去除；由于固体颗粒流呈45°～60°的堆角，因此排泥管必须间隔较密，并处于运转状态以防堵塞；在排泥管附近加装喷砂器可在排泥管运行时令固体颗粒流动起来，但这样做成本较高(但经证实，喷砂器可使排泥管保持通畅)；有时需关闭装置以便从人孔手动去除固体颗粒；分离固体颗粒效果更好，因为无需令固体颗粒与水错流。

选择不同结构的罐时，还必须考虑其他一些因素，如固体颗粒去除的困难程度等。

选择卧式罐需考虑的因素：从工艺角度考虑更佳；比立式罐占地大；小型罐液体承受浪涌能力有限，因此浪涌高度(LSH)应最接近正常运行时的高度。

选择立式罐需考虑的因素：调控时须借助特殊的梯子和平台，比较困难；运输时需将其与滑道分离。

压力容器比罐昂贵。

下列情况应考虑使用压力容器：上游容器排放系统存在漏气的可能，并导致常压罐排气系统中产生过大回压，或水必须接入高处的容器进行进一步处理，此时如果采用的是常压容器，则需加装泵。

对于重力固体颗粒沉降系统：停留时间对固体颗粒去除并无直接影响，气

体需要30s时间从溶液中逸出并达到平衡。

沉降理论是唯一必须考虑的因素。当固体颗粒流速高，颗粒粒径大(大于50μm)，设计用来应对较小粒径颗粒流的固液分离设备将很快过载。

7.2.3 卧式柱形重力沉降罐

此种沉降罐的粒径和长度可由斯托克斯定律得出：

油田常用单位：

$$dL_{\mathrm{eff}} = 1000\frac{\beta_{\mathrm{w}}Q_{\mathrm{w}}\mu_{\mathrm{w}}}{\alpha_{\mathrm{w}}(\Delta SG)d_{\mathrm{m}}^{2}} \tag{2-4a}$$

国际单位：

$$dL_{\mathrm{eff}} = 1000\frac{\beta_{\mathrm{w}}Q_{\mathrm{w}}\mu_{\mathrm{w}}}{\alpha_{\mathrm{w}}(\Delta SG)d_{\mathrm{m}}^{2}} \tag{2-4b}$$

式中：d为容器内径，ft(m)；L_{eff}为分离有效长度，ft(m)；Q_{w}为水流速度，bbl/d(m^3/h)；μ_{w}为水黏度，cP；d_{m}为颗粒直径，μm；ΔSG为颗粒与水的相对密度之差(相对于水)；β_{w}为容器内水柱高度所占分数(h_{w}/d)；α_{w}为水柱截面积所占分数；h_{w}为水柱高度，in(m)；

式(2-4)假设紊流和短流系数为1.8。

任何能满足该等式的d与L_{eff}的组合，均足以令所有粒径等于或大于d_{m}的颗粒在水中沉降。

水的高度所占分数和截面积所占分数之间的关系见下式：

$$\alpha_{\mathrm{w}} = (1/180)\cos^{-1}[1-2\beta_{\mathrm{w}}]-(1/\pi)[1-2\beta_{\mathrm{w}}]\sin[\cos^{-1}(1-2\beta_{\mathrm{w}})] \tag{2-5}$$

选择容器内水高度所占分数可用式(2-5)计算相应的截面积所占分数，其结果可代入式(2-4)。

除了沉降标准外，应确保最小停留时间(<30s)，以便水与轻烃达到平衡状态。

为确保合理的停留时间，在选择d和L_{eff}时必须满足下式。

油田常用单位：

$$d^2L_{\mathrm{eff}} = \frac{(t_{\mathrm{r}})_{\mathrm{w}}Q_{\mathrm{w}}}{1.4\alpha_{\mathrm{w}}} \tag{2-6a}$$

国际单位：

$$d^2 L_{eff} = 21000\frac{(t_r)_w Q_w}{1.4\alpha_w} \tag{2-6b}$$

通过式(2-5)和式(2-6)选择不同的d和L_{eff}值可选择适宜的粒径和长度。

对于每一个d值，都应选择较大的L_{eff}以满足上述两个等式。

沉降罐的L_{eff}与缝-缝长度(L_{ss})之间的关系取决于容器的内部结构设计。

缝-缝长度的近似值可通过以下经验公式获得：

$$L_{ss}=(4/3)L_{eff} \tag{2-7}$$

这一近似值的使用有时受到一定限制，如大直径容器。因此，应采用式(2-7)计算L_{ss}，但其值必须大于下式得出的值：

油田常用单位：

$$L_{ss}=L_{eff}+2.5 \tag{2-8a}$$

其中，$L_{eff}<7.5$ft。

国际单位：

$$L_{ss}=L_{eff}+0.76 \tag{2-8b}$$

油田常用单位：

$$L_{ss}=L_{eff}+(d+24) \tag{2-9a}$$

国际单位：

$$L_{ss}=L_{eff}+(d+2000) \tag{2-9b}$$

式(2-8a)和式(2-8b)仅适用于$L_{eff}<7.5$ft(2.3m)时。

这一限制的理由在于为了缓和进入和流出的水流，总是需要最小长度的容器。

式(2-9)适用于1/2容器直径(ft)大于计算得出的$1/3L_{eff}$时的情况。

这个常量可确保在长度较短但直径较大的容器内流体的稳定分流。

7.2.4 卧式长方形截面重力沉降罐

卧式长方型截面沉降罐的高度和长度均可通过斯托克斯定律确定：

油田常用单位：

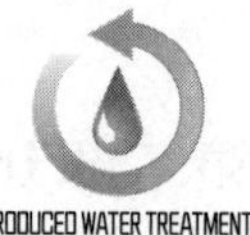

$$WL_{\text{eff}} = 70\frac{Q_{\text{w}}\mu_{\text{w}}}{(\Delta SG)d_{\text{m}}^{2}} \tag{2-10a}$$

国际单位：

$$WL_{\text{eff}} = 9.7\times 10^{5}\frac{Q_{\text{w}}\mu_{\text{w}}}{(\Delta SG)d_{\text{m}}^{2}} \tag{2-10b}$$

式中：W为宽度，ft(m)；L_{eff}为分离发生时的有效长度，ft(m)。

式(2–10a)和式(2–10b)的紊流和短路流系数为1.9。上述两式与高度无关，因为颗粒沉降时间和水停留时间都与高度成比例关系。

通常，高度小于宽度的一半才能促进流体平稳分布。

为确保足够的停留时间，可推导出公式进行计算。如果高宽比已定，则停留时间可由下式推出：

油田常用单位：

$$W^{2}L_{\text{eff}} = \frac{0.004(t_{\text{r}})_{\text{w}}Q_{\text{w}}}{\gamma} \tag{2-11a}$$

国际单位：

$$W^{2}L_{\text{eff}} = \frac{(t_{\text{r}})_{\text{w}}Q_{\text{w}}}{60\gamma} \tag{2-11b}$$

式中：γ为高宽比(H_{w}/W)；H_{w}为水的高度，ft(m)。

与卧式柱形沉降器一样，L_{eff}和L_{ss}的关系取决于其中部设计。

长方形沉降器的Lss的3个近似值可通过式(2–4)得出，但L_{ss}必须经由式(2–5)和下式计算得出：

$$L_{\text{ss}}=L_{\text{eff}}+W/2 \tag{2-12}$$

L_{ss}应与前文相同，取式(2–7)、式(2–8)、式(2–9)中的最大值。

7.2.5 立式柱形重力沉降罐

柱形罐直径可通过设定沉降速度等于平均水流速度来确定。

油田常用单位：

$$d^{2} = 6700F\frac{Q_{\text{w}}\mu_{\text{w}}}{(\Delta SG)d_{\text{m}}^{2}} \tag{2-13a}$$

国际单位：

$$d^2 = 6.5\times10^{11}F\frac{Q_{\mathrm{w}}\mu_{\mathrm{w}}}{(\Delta SG)d_{\mathrm{m}}^2} \tag{2-13b}$$

式中：F为紊流和短路流系数，1.0[粒径小于48in(1.22m)]或d/48[粒径大于48in(1.22m)]。

将$F=d/48$代入式(2-13)可得：

油田常用单位：

$$d = 140\frac{Q_{\mathrm{w}}\mu_{\mathrm{w}}}{(\Delta SG)d_{\mathrm{m}}^2} \tag{2-14a}$$

国际单位：

$$d = 5.3\times10^{9}\frac{Q_{\mathrm{w}}\mu_{\mathrm{w}}}{(\Delta SG)d_{\mathrm{m}}^2} \tag{2-14b}$$

其中，d=48in(1.22m)。

式(2-14)适用于直径大于48in(1.22m)的沉降罐。

对于直径较小的沉降罐，应使用式(2-13)，F应等于10。

根据停留时间选择的直径d来确定水柱高度(ft)：

油田常用单位：

$$H = 0.7\frac{(t_{\mathrm{r}})_{\mathrm{w}}Q_{\mathrm{w}}}{d^2} \tag{2-15a}$$

国际单位：

$$H = 21000\frac{(t_{\mathrm{r}})_{\mathrm{w}}Q_{\mathrm{w}}}{d^2} \tag{2-15b}$$

式中：H为水柱高度，ft(m)。

7.2.6 波纹板凝结器

确定不同结构容器直径的公式与第一部分所列完全一致，可直接使用，但其中d_{m}是固体颗粒的直径(非油滴直径)，ΔSG为固体颗粒与水的相对密度之差(不是水和油相对密度之差)。

波纹板凝结器易于堵塞，不建议用于固体颗粒过滤，因此亦非本部分内

容之重点。

7.2.7 水力旋流器

又称脱砂器或除泥器。其原理是通过切向入口将水引入锥体的同时形成旋流。

图2-8和图2-9给出了水力旋流锥和由8个锥体构成的旋流处理装置。

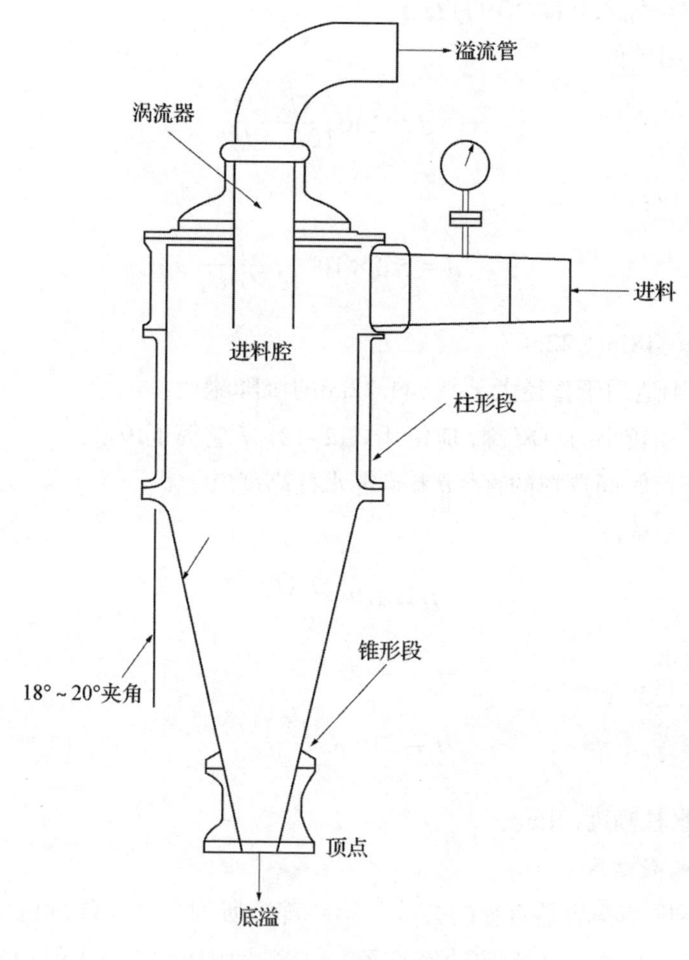

图2-8 水力旋流锥体装置示意图

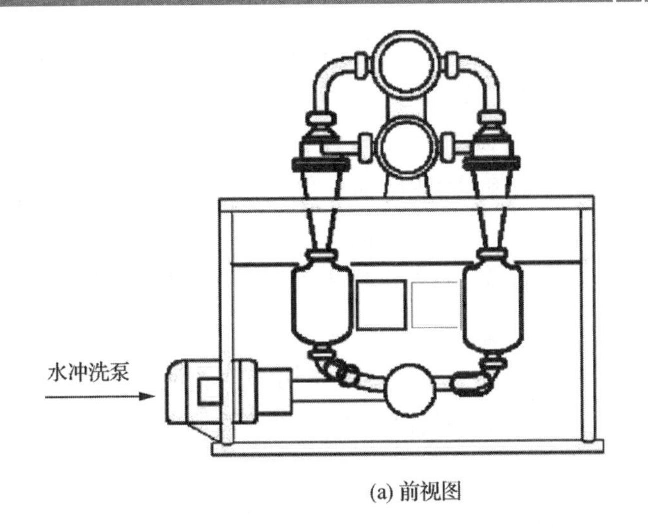

(a) 前视图

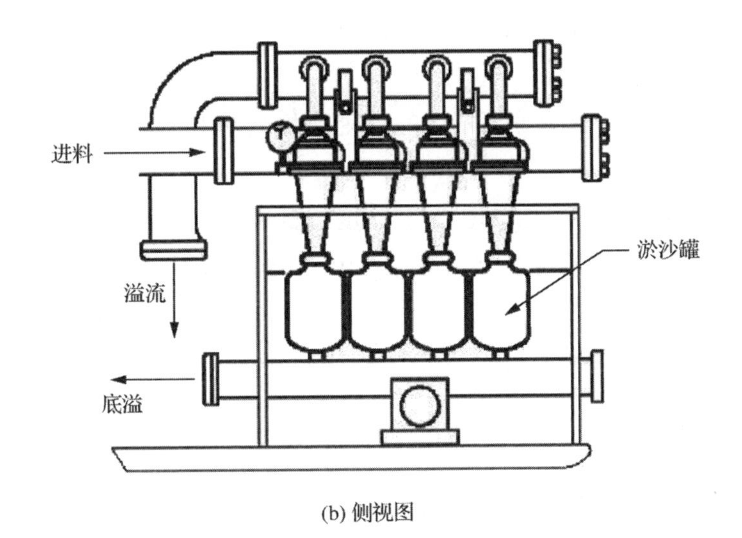

(b) 侧视图

图2-9 8锥体水力旋流装置示意图

由旋转运动生成指向出口的离心力，将固体颗粒带入锥体外周出口。

生成的重泥浆随后从“底流溢出”。

垂直运动中心附近的清水通过水力旋流器中线中点处的嵌入装置(涡流器)，以溢出方式经锥顶流出。

优点：通过离心力分离颗粒，因此无需使用大直径容器，适合去除约30μm或更大直径的固体颗粒。

缺点：流体波动或压力下降时，锥体的旋转运动可能中断，导致固体颗粒被携带进溢流液；存在磨损问题，一些厂商提供替代管线来应对这一问题；产生较大压降；不能很好地应对流体中的浪涌。

可以应对较高固体颗粒载荷，但很少作为唯一的固体颗粒过滤装置，多用于固体颗粒初步过滤。

如果接下来的过滤步骤采用过滤器，则使用水力旋流器可大大提高过滤器的使用寿命；过滤器可去除小粒径固体颗粒，对来自水力旋流器的异常波动有抵御作用。

水力旋流器分离特定粒径固体颗粒的能力(处理颗粒粒径)受以下因素影响：入口与出口流体的压力差、固体颗粒与液体的密度差以及锥体和入口喷嘴的几何形状和尺寸。

过锥体压降是影响分离精度的关键变量，同时也是流体速度函数的关键变量。

流体速度越低，压降越低、分离精度越低。

通常，水力旋流器可在25～50psi(140～275kPa)的压降下工作。

人们提出了许多理论和经验公式来计算分离精度。对于固定比例的水力旋流器，这些公式都可以简化为下式：

$$d_{50} = K\left[\frac{D^3\mu}{Q_w \Delta SG}\right] \tag{2-16}$$

式中：D为水力旋流器外径；D_{50}为溢流回收的50%和底溢回收的50%固体颗粒粒径，μm；μ为泥浆黏度，cP(Pa·s)；Q_w为泥浆流速，bbl/d(m^3/h)；ΔSG为固体颗粒与液体相对密度之差；K为比例和形状常数。

在溢流中回收1%～3%和底溢回收97%～99%的固体颗粒的粒径为：

$$d_{99}=2.2d_{50} \tag{2-17}$$

处理特定泥浆的固定比例水力旋流器的流速公式为：

$$Q_w=K'(\Delta P)^{1/2} \tag{2-18}$$

式中：Q_w为流速，bbl/d(m^3/h)；K'为比例和形状常数；ΔP为压降，psi(kPa)。

式(2-16)、式(2-17)和式(2-18)可大致描述已知水力旋流器在特定流动条件下的处理能力。

底溢泥浆中固体颗粒的排放可在以下两种系统中实现：开放系统和封闭系统。

在开放系统中，泥浆通过安于锥顶的可调节孔板导流至一台开放槽内；孔板可进行调节，以改变混有固体颗粒的水的流速；氧气可进入系统。

在封闭系统中，名为“淤砂箱”的小容器与顶端相连并保持开放；淤砂箱的底部有一个阀门，通常关闭；通过顶点(apex)的固体颗粒在淤砂箱底部汇集。

开放或关闭为手动或自动操作。

水力旋流器可单个置于处理生产线上，从而在一定程度上改变流速。

水力旋流器的规格、参数主要包括：总水流速度、所需去除的颗粒粒径和比例、进料的颗粒含量、尺寸分布和相对密度、水力旋流器的设计工作压力、水力旋流器的最小压降。

掌握以上参数后，设计人员可据其选择不同厂商产品目录上的设备。

7.2.8 离心机

离心机用于分离低相对密度固体颗粒或高含量高相对密度固体颗粒，可快速分离液体中的固体颗粒。离心机对维护要求较高，仅能处理较低流速的液体，因此在水处理中应用不多。

7.2.9 浮选装置

浮选装置主要用于去除水中的原油，也可实现液流中小颗粒的去除。其工作原理是：

① 气分散在水中，形成粒径约30~120μm的气泡；

② 悬浮颗粒的表面上形成气泡，使颗粒的平均密度小于水的密度；

③ 这些颗粒浮上水面，被机械撇除；

④ 进料中通常加入被称为“浮选助剂”的化学剂，以帮助提高固体颗粒的结团和气泡向固体颗粒的聚集；

⑤ 助剂投加的最佳含量和类型通常依据现场小规模塑料浮选模型中的批量试验来确定。

⑥ 由于很难预测此法的颗粒去除效率，故在生产设施进行水与固体颗粒分离时不常使用。

7.2.10 可更换筒式过滤器

可更换筒式过滤器结构简单，但相对较轻，可满足多种过滤需求。

图2-10给出了典型的可更换筒式过滤器。

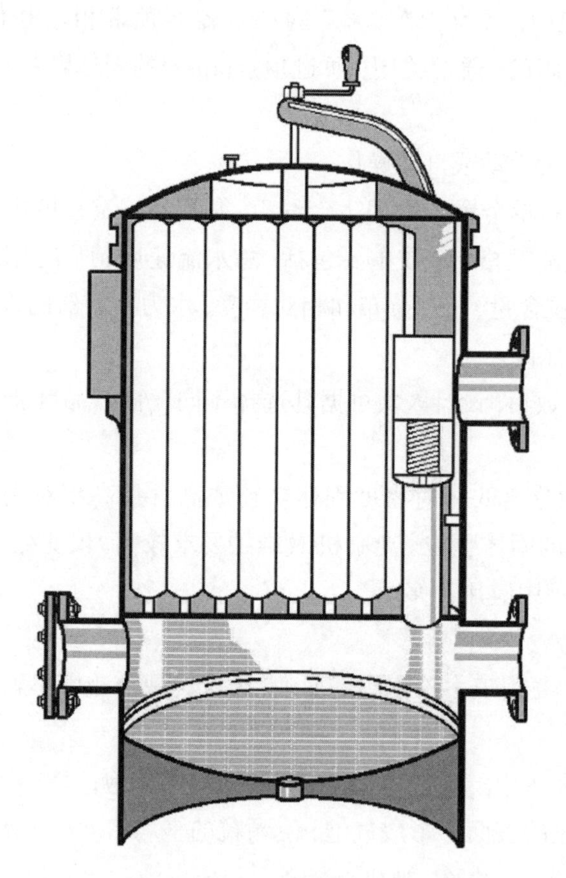

图2-10 筒式过滤器(致谢Perry设备公司)

水从顶部进入，必须流经滤层，从容器底部流出；容器顶部有闩，目的是

在筒芯压降超过上限时可进行更换；可在容器内安装安全压力阀，以防止容器上部和下部的压差过大。

此过滤器可由多种材料制成，应用选择范围较大。厂商提供的筒芯可处理粒径等于和大于0.25μm的颗粒；在选择筒芯时，设计人员必须明确厂商的标定数据所代表的实际去除比例。

固体颗粒去除比例和容许流速：即便筒芯材质相同，各个厂商这两个参数也不一样；很难在水流速度与过滤面积之间建立通用关系；在选择和确定筒式过滤器尺寸时，需依赖厂商提供的资料。

在设计含有筒式过滤器的水处理系统时，最好选择定型孔隙过滤介质和标有绝对额定值的过滤器。

定型孔隙过滤筒：与无定型孔隙过滤器相比，每个芯的颗粒去除效率较一致；可防止高压差下发生固体颗粒卸载和介质位移；厂商通常提供产品的绝对额定信息。

也可采用无定型过滤筒，但应对其整体过滤器的压降进行严密监控。在压差较高时，可能导致此类滤筒中固体颗粒卸载和介质位移；在滤筒按日程更换时，过过滤器的压降可能低于限制；即使大量固体颗粒流入处理系统下游，检查压降的作业人员仍可能误以为滤筒工作正常。

固体颗粒卸载：使用高压差开关持续监控压降，或者压降低于厂商建议更换滤筒的最大压降时提前更换滤筒，或可避免此类情况发生；可导致过滤器频繁更换，从而令运营成本大幅增加(采用早期脱除法情况下)。

筒式过滤器通常有较低的固体颗粒负载限制；在过滤器必须更换时，只能吸收相对少量的固体颗粒。

可提高固体颗粒负载能力的过滤器：将薄的过滤介质打褶，可提高有效过滤表面积，从而可比相同材质过滤器获得更高流速和固体颗粒载荷能力。

多层介质过滤器：实现深度过滤；水从滤筒外部流入内部所经孔隙逐渐变小；过滤器孔隙尺寸从大到小的变化，使颗粒在过滤器的不同深度被捕获，可实现较大固体颗粒负载，但流速通常会略有下降。

筒式过滤器的固体颗粒负载能力较小。在过滤器上游安装初级固体颗粒

去除设备的做法比较常见；常用的系统包括水力旋流器或脱砂滤料，随后再接筒式过滤装置；上游设备将较大粒径的颗粒去除，从而减少下游筒式过滤器需去除的固体颗粒数量，从而降低滤筒更换的频率。

备用过滤器：可在不减小水流速度的情况下实现滤筒的更换；常用的系统安装包括3台效率为50%的过滤器或4台效率为33%的过滤器；过滤器数量的选择取决于成本分析和作业需要。

选择筒式过滤器需考虑的其他因素还有：过滤介质的类型及特征；在进行水处理时，聚丙烯筒式过滤器优于棉制筒，这是因为棉材容易膨胀；应检查滤膜和活页式滤材与化学添加剂或水中杂质的配伍性。

筒式过滤器的规格应包括如下信息：最大水流速度、过滤可去除的颗粒粒径和所需达到的去除程度、入口流入水的固体颗粒含量、过滤器的设计工作压力、过滤时的最大压降。

7.2.11 逆冲洗筒式过滤器

有各种不同设计可供选择：金属筛、可渗陶瓷、胶结砂。

优点：结构简单、重量轻；可逆冲洗；可过滤粒径介于10~75μm的颗粒。

压差：固体颗粒载荷较低，因此逆冲洗循环间隔较短；不可将过滤器置于170kPa以上的压差环境下，否则固体颗粒嵌入孔隙，逆冲洗也无法洗出；如合理保养和反复逆冲洗，这类过滤器可使用两年。

重置或“逆冲洗”是以与正常过滤方向相反的方向用清水冲洗过滤器，同时还需用酸进行逆冲洗。此时，被过滤介质捕获的固体颗粒被冲出，并被逆流携走。

这个流程耗时更短，比更换过滤器成本低。

厂商会清楚标注逆冲洗所需的流体流速。

缺点：过滤后的水必须存储，然后再泵至过滤器；逆冲洗完毕的流体必须直接导入另一个容器存放；逆冲洗液在逆冲循环中可能受到油或酸的污染，必须采用措施处理。

此型过滤器型号多样，包括筒式过滤器(见图2-10)和集流式过滤器。后者的每只滤筒分别置于独立的外壳内。外壳为集流设计，在对一台过滤器进行逆

冲洗时，不影响其他过滤器的正常运行。

在确定逆冲洗筒式过滤器规格时，设计师应掌握如下信息：最大水流速度、滤除颗粒粒径和所需达到的过滤比例、入口水的固体颗粒含量、过滤器工作设计压力、过滤时的最大压降。

设计师在选择这类过滤器时，应与厂商联系以获取详细信息。

7.2.12 粒状介质过滤器

粒状介质过滤器和砂滤器是指通过使流体流经粒状介质床实现过滤的系列过滤器。该过滤器由装满过滤介质(见图2-11)的压力容器组成。

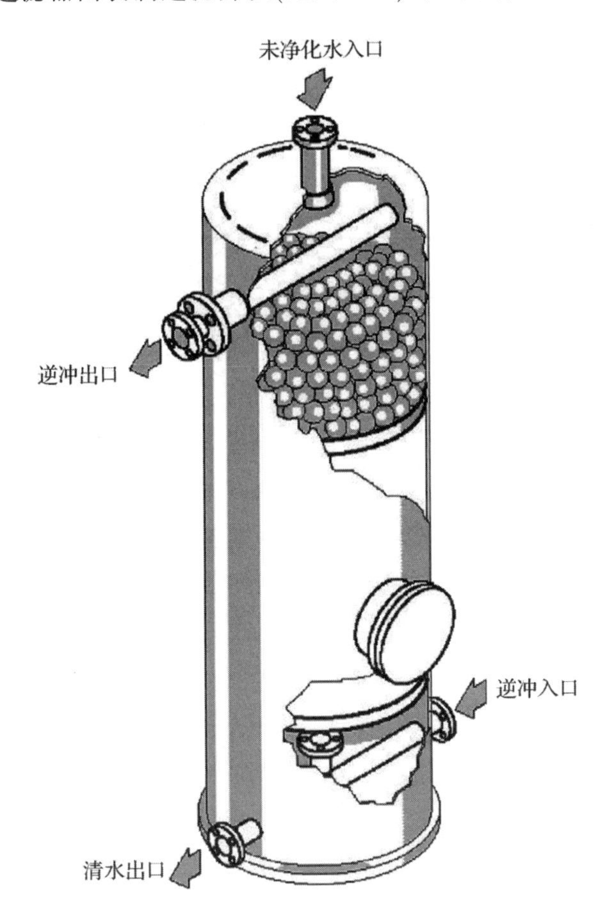

图2-11 顺流粒状介质过滤器

介质支撑网可防止介质颗粒脱离过滤容器。需过滤的水可向下(顺流)或上行(逆流)通过介质。当水通过介质时，小颗粒被介质颗粒之间的孔隙捕获。

顺流过滤器有“常规”设计(见图2-12)和“高速”设计(见图2-13)两种。

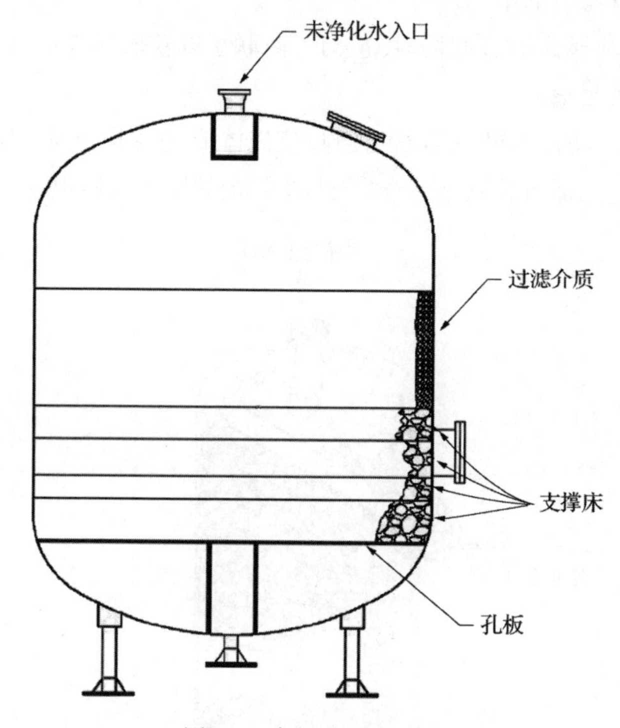

图2-12 常规分级过滤床

常规设计的过滤器用于流速介于1~8gal/(min·ft^2)[2.5~20m^3/(h·m^2)]之间的流体过滤。

“高速”设计的过滤器用于流速高达20gal/(min·ft^2)[249m^3/(h·m^2)]的流体过滤。在高流速情况下，流体深入滤床，可实现更高的固体颗粒载荷(每立方英尺滤床所捕获的固体颗粒重量)、更长的逆冲洗间隔和更小粒径的容器。其缺点是：由于被过滤流体更深地渗入过滤器，逆冲洗如不充分则可导致大块颗粒的形成，最终令其过滤能力逐渐下降；如果污染严重，过滤介质必须采用化学法清洗或予以更换。

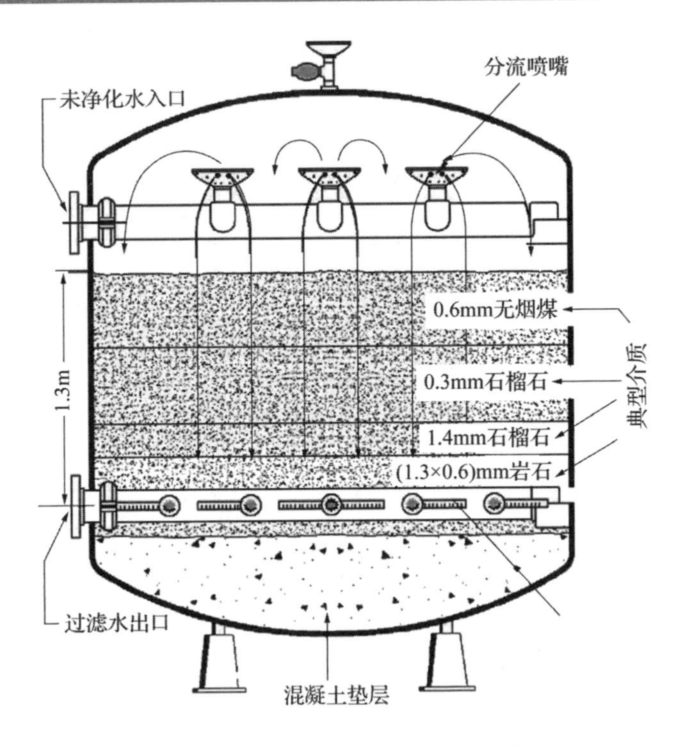

图2-13 袋式顺流(多介质)过滤器

① 升流过滤器(见图2-14)

由于流速过高可能使介质床流体化，即对介质形成逆冲，因此流速应限制在8gal/(min·ft^2)[20m^3/(h·m^2)]之内。

② 逆冲洗

粒状介质过滤器必须定期逆冲清洗，以去除卡在其中的颗粒。此过程是指将过滤床介质流体化，以消除过滤过程中可能捕获固体颗粒的小孔隙空间；然后，小固体颗粒通过逆冲洗液经防止介质颗粒流失的介质筛而被去除。水高速上行流过过滤器或将水导入喷嘴在过滤腔内产生高速流和紊流来实现介质的流体化。可使用循环泵将水泵至流化喷嘴，以减少流化过滤介质所需的总水量。逆冲流体也应与逆冲筒式过滤器一样，必须收集并进行处理。

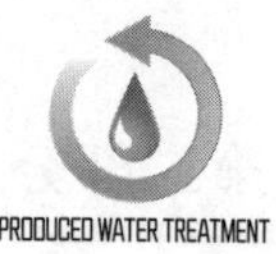

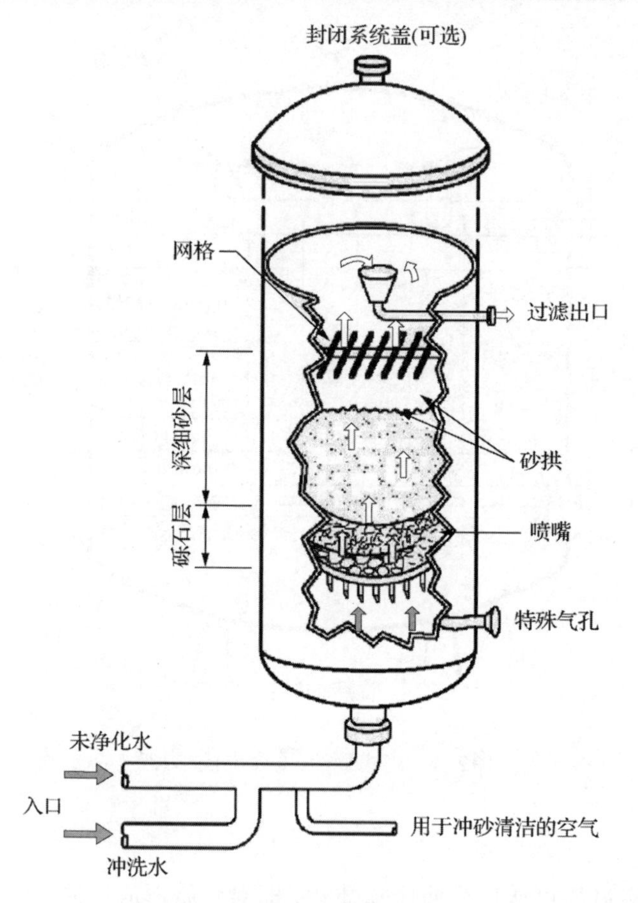

图2-14 袋式逆流过滤器

逆冲程序：通常在过滤器发生剧烈压降时启用；定期逆冲的前提是两次循环之间的压降不得超过一定限制；砂滤器的循环时间取决于水中的固体颗粒含量和个别过滤器的体颗粒负载能力。

常规顺流过滤器在逆冲洗前以低于8gal/(min·ft^2)[(20m^3/(h·m^2)]的流速冲洗，通常可除去过滤介质中0.5~1.5lb/ft^2(2.4~7.3kg/m^2)的固体颗粒。

高流速过滤器：在逆冲洗前最高可去除4bl/ft^2(19.5kg/m^2)的固体颗粒，这是因为高速水流可将小颗粒挤入介质床深处，提高过滤的有效深度，从而为捕获更多固体颗粒提供孔隙。

升流过滤器：最高可去除6lb/ft^2(29.3kg/m^2)的固体颗粒，这是因为升流水可令滤床松散并部分流化，小固体颗粒可更深地进入床中。

升流与顺流过滤器的选择：受制于流入物悬浮颗粒含量和所需逆冲洗循环的时间间隔；在流入物悬浮物含量低于50mg/L时，使用顺流过滤器；在流入物悬浮物含量介于50~500mg/L之间时，使用升流过滤器。

表2-3对过滤器常见流入速度和固体颗粒负载进行了对比。

表2-3 粒状介质床过滤器的典型参数

类 型	流 速		固体颗粒负载①	
	m^3/(h·m^2)	gal/(min·ft^2)	kg/m^2	lb/ft^2
常规顺流	2.4~19.6	1~8	2.4~7.3	0.5~1.5
高速顺流	19.6~48.9	8~20	7.3~19.5	1.5~4
升 流	14.7~29.3	6~12	19.5~48.8	4~10

① 在逆冲洗前每单位面积捕获的固体颗粒重量。

粒状介质过滤器因其过滤介质不能固定而属于无定型孔隙过滤器。如果不及时进行逆冲洗，粒状介质过滤器可能卸载之前捕获的固体颗粒。由于介质筛通常固定在过滤器内，以阻止介质运移脱离容器，因此不存在介质移动问题。

粒状介质过器的过滤介质包括砂、砾石、无烟煤、石墨、山核桃或核桃壳。

滤床常以单种材料或几层不同材料制成。迫使水流经逐渐变小的孔隙(从大到小)，可提高固体颗粒负载量。

可变孔隙尺寸分布的作用为：可变孔隙尺寸的大小取决于逆冲洗后的介质固体颗粒的随机分布；由于孔隙尺寸可变，因此无法给出绝对过滤等级；可持续去除95%的10μm及以上粒径的固体颗粒。

逆冲洗流速的特点为：依据特定过滤设计而不同；由厂商规定；一些设计要求启动时进行空气或气体冲刷[(10~15psi(表)(69~103kPa)]以使滤床流化，特别是在处理含悬浮原油的采出水时，原油可能包裹过滤介质，此时尤其需要对其进行冲刷；逆冲洗作业中可能需先行几轮冲刷后再启动冲洗；在清洁过滤介

质时，可能需使用洗涤剂；逆冲洗常用滤后水；在逆冲洗循环完成后，水可流经过滤器一段时间，直到流出物品质稳定，此时，过滤器才可重新正常工作。

过滤器捕获小于其孔隙的颗粒的能力，可通过加入聚合电解质和助滤剂而大幅提高。

特定过滤器不加化学剂可去除90%的10μm及以上粒径的颗粒，加入化学剂可去除2μm及以上粒径的颗粒。

应用：常用于筒式过滤(常被称为“二次过滤”)之前的第一步过滤处理(通常被称为“初步过滤)。

此系统工作良好的原因是：粒状介质过滤器可去除大块固体颗粒，因此延长了筒式过滤器更换滤筒的间隔周期。筒式过滤器可按要求滤除小颗粒和捕获被砂滤器卸载的颗粒。

表2-4和表2-5为两种粒状介质过滤器的典型运行和设计参数。

表2-4 特定升流过滤器的运行和设计参数

<table>
<tr><td rowspan="11">运行参数</td><td colspan="3">过滤速度</td><td>14.6～29.3m^3/(h·m^2)[6～12gal/(min·ft^2)]</td></tr>
<tr><td colspan="3">化学处理</td><td>0.5～5mg/L的聚合电解质(如有需要可通过小型实验确定)</td></tr>
<tr><td colspan="3">冲洗速度</td><td>取决于温度[34.2～48.9m^3/(h·m^2)，或14～20gal/(min·ft^2)]</td></tr>
<tr><td rowspan="8">再生时间顺序</td><td rowspan="3">第一周期</td><td>排水</td><td>2～5min(将水泄至砂滤床顶部)</td></tr>
<tr><td>滤床流化</td><td>5min(用空气或天然气进行)</td></tr>
<tr><td>冲刷</td><td>10～20min(直至水变清洁)</td></tr>
<tr><td rowspan="5">第二周期</td><td>排水</td><td>2～5min(将水泄至砂滤床顶部)</td></tr>
<tr><td>滤床流化</td><td>5min(用空气或天然气进行)</td></tr>
<tr><td>冲刷</td><td>10～20min(直至水变清洁)</td></tr>
<tr><td>沉降</td><td>5min</td></tr>
<tr><td>预过滤</td><td>15～20min(根据水质)</td></tr>
<tr><td rowspan="7">设计参数</td><td colspan="3">过滤速度</td><td>14.6～29.3m^3/(h·m^2)[6～12gal/(min·ft^2)]</td></tr>
<tr><td colspan="3">入口固体颗粒含量</td><td>49kg/m^2(10lb/ft^2)(最大含量400mg/L)</td></tr>
<tr><td colspan="3">入口油含量</td><td>最大50mg/L</td></tr>
<tr><td colspan="2" rowspan="2">出口悬浮固体颗粒含量</td><td>不加化学剂</td><td>2～5mg/L</td></tr>
<tr><td>加化学剂</td><td>1～2mg/L</td></tr>
<tr><td colspan="3">出口油含量</td><td><1mg/L</td></tr>
<tr><td colspan="3">周期</td><td>最短2天</td></tr>
</table>

续表

设计参数	气流流化		55~90m^3/(h·m^2)[3~5ft^3/(min·ft)]，压力为83~109kPa[12~15psi(表)]
	自由面积		总介质深度的50%~70%
	滤床扩大		冲洗周期时约为30%
	可去除的颗粒粒径中值		理论上为最小的砂粒径(Barkmand和Davidson)
其他数据	如入口水中含油15mg/L，可能需要在第一再生周期时加入溶剂或表面活性剂洗涤		
	介质尺寸	第一层	32~38mm砾石颗粒，101mm厚(1.25~1.5in砾石，厚4in)
		第二层	10~16mm砾石，254mm厚(3/8~5/8in砾石，10~60in厚)
		第三层	2~3mm砂，305mm厚(2~3mm砂，12in厚)
		第四层	1~2mm砂，1524mm厚(1~2mm砂，60in厚)

表2-5 特定顺流过滤器的典型运行和设计参数

运行参数	过滤速度			11.0m^3/(h·m^2)[4.5gal/(min·ft^2)]								
	化学处理			20mg/L阳离子聚合电解质和钠片								
	再生	逆冲洗		4min，速度为41.6m^3/(h·m^2)[17gal/(min·ft^2)]								
		漂洗		4min，速度为11.0m^3/(h·m^2)[4.5gal/(min·ft^2)]								
设计参数	过滤速度			4.9m^3/(h·m^2)[2gal/(min·ft^2)]								
	入口固体颗粒含量			<20mg/L								
	入口油含量			<10mg/L								
其他参数	介质尺寸	类别		无烟煤(顶)	砂	石榴石	石榴石	砾石	砾石	砾石	砾石	岩石
		厚度	mm	475	229	76	76	76	76	76	76	76
			in	18	9	3	3	3	3	3	3	3
		尺寸	mm	1.0~1.1	0.45~0.55	0.2~0.3	1.0~2.0	4.8×10目	9.5×4.8	19.0×9.5	38.1×19.0	50.8×38.1
			in					3/16×10目	3/8×3/16	3/4×3/8	11/2×3/4	2×11/2
		相对密度		1.5	2.6	4.2	4.2	2.6	2.6	2.6	2.6	2.6
	过滤器逆冲洗时可能需要加入洗涤剂											
	在波动情况下，油含量过高时可能需要加入溶剂冲洗过滤介质											
	介质可能在入口处黏在一起，与过量的化学剂或油形成球形物，需要更换或清洁滤床											
	当逆冲洗速度超过41.6m^3/(h·m^2)[17gal/(min·ft^2)]时，可能导致无烟煤被裹挟而去，特别是当逆冲洗的水温度不高时更是如此											

在选择标准粒状介质过滤器时，应与特定厂商联系以便获取详细的尺寸和运营信息。

选择粒状介质过滤器时，设计师应明确以下信息：

① 最大水流速度；

② 过滤颗粒大小和所需达到的滤除率；

③ 流入水的固体颗粒含量；

④ 过滤的最大压降。

7.2.13 硅藻土过滤器(DE过滤器)

此过滤器用于0.5~1.0μm粒径固体颗粒的过滤。过去，该过滤器因在相关范围内最为经济而被用于去除极细小的颗粒。厂家研发出的筒式DE过滤器可有效去除0.25μm的固体颗粒。DE过滤器通过迫使水流过硅藻土滤饼而达到去除固体颗粒的目的。滤饼被置于由防腐材料(不锈钢、蒙乃尔合金、铬镍铁合金) 制成的金属丝网筛上。将大量金属丝网筛(又称“滤叶”)置于容器内，可实现大面积的过滤。DE过滤器的典型流速范围为0.5~1gal/(min·ft^2)[1.2~2.4m^3/(h·m^2)]。DE过滤器示意图请参看图2-15。

这一工艺是将硅藻土以泥浆形式流入，涂抹在滤叶上(参见图2-16)。

在预涂之后，接入水，过滤开始。DE和纤维素纤维等助滤剂必须与水混合，以提高滤饼的均匀性和保持滤饼的渗透率。这一混合过程被称为“主体加料”。主体加料的重量应大致等于将被过滤的固体颗粒的重量。当压降达到上限时，通常介于25~35psi(表)(170~240kPa)之间，滤饼必须从滤叶开始进行逆冲洗，整个工艺从预涂开始再次进行。

DE过滤器还需安装泥浆混合罐和注入泵。除过滤器自身外，还需大规模主体加料。

这类系统的安装和运行成本较高，也比其他类型的过滤器更占空间。

预涂需考虑的问题：如不能实现所有滤叶的均匀预涂，可能导致处理过的液体中固体颗粒含量过高。

DE过滤器属非定型孔隙类过滤器，也存在卸载和介质运移问题。与其他过滤器相比，DE过滤器更易发生固体颗粒卸载。压力波动可能导致滤饼从滤叶上剥离，在滤饼发生漏失至再次形成滤饼前，固体颗粒可能进入下游。通常，DE过滤器的下游设有过滤器保护，以防止出现漏失。

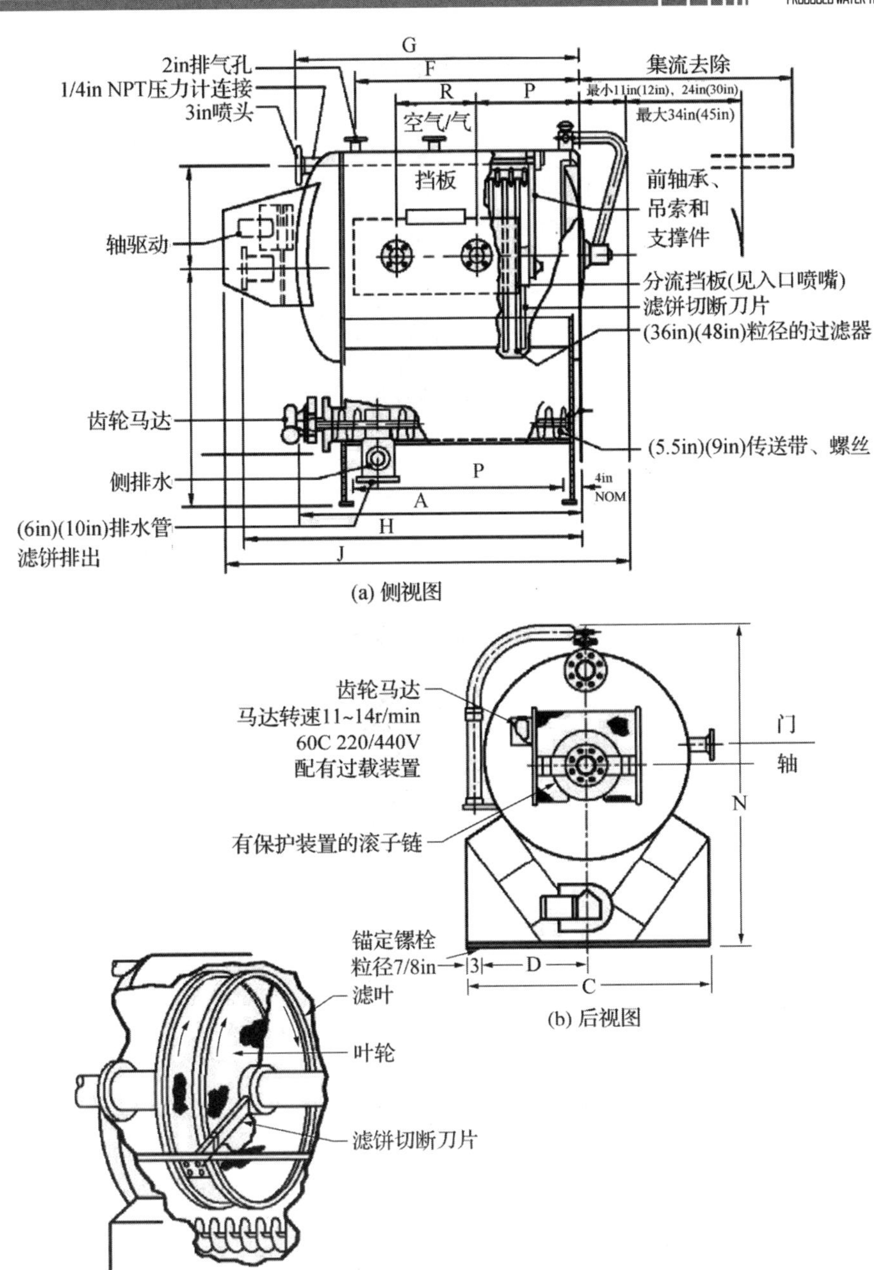

(a) 侧视图

(b) 后视图

(c) 滤饼切断装置

图2-15 DE过滤器(美国过滤器公司供图)

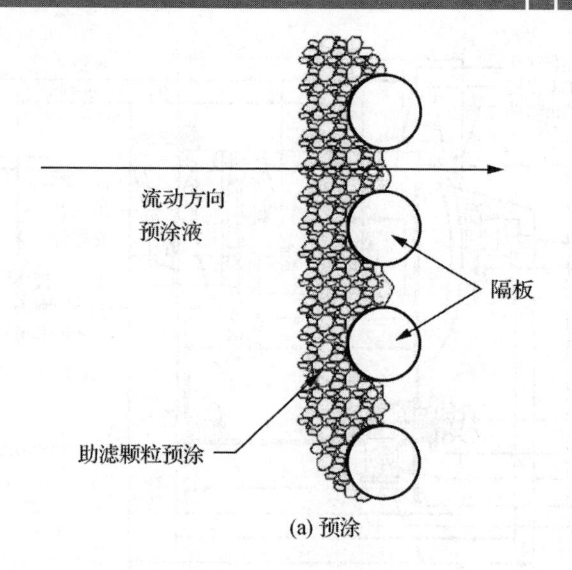

(a) 预涂

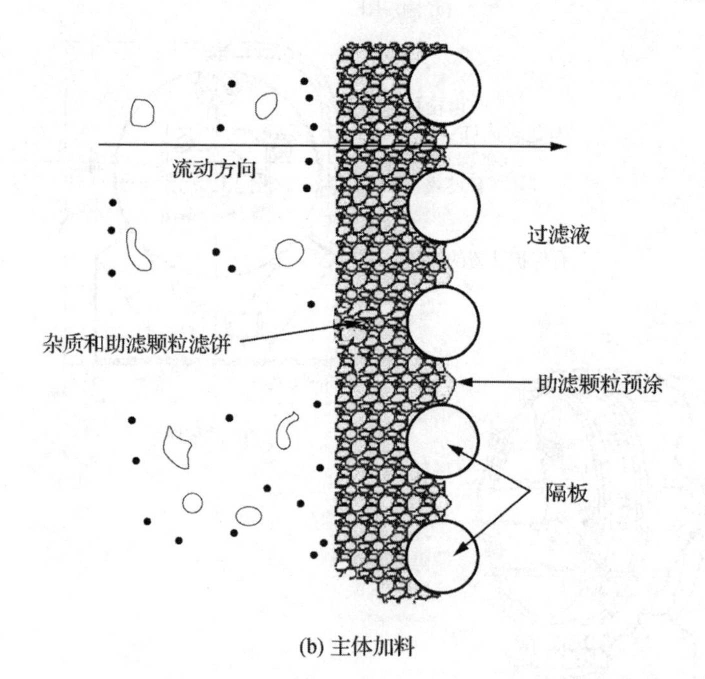

(b) 主体加料

图2-16 DE过滤原理(致谢Johns Manville公司)

表2-6给出了典型DE过滤器的运行和设计参数。

表2-6 典型DE过滤器运行和设计参数

<table>
<tr><td rowspan="9">运行参数</td><td colspan="2">过滤速度</td><td>1.2~2.4$m^3/(h \cdot m^2)$[(0.5~1gal/(min·ft^2)]</td></tr>
<tr><td colspan="2">DE主体加料</td><td>2~5mg/(L DE)/[mg/(L悬浮物)]</td></tr>
<tr><td rowspan="4">再生时间顺序</td><td>排水</td><td>1~5min</td></tr>
<tr><td>冲洗</td><td>5min</td></tr>
<tr><td>填充并添加预涂</td><td>3min</td></tr>
<tr><td>循环</td><td>5~15min</td></tr>
<tr><td rowspan="3">DE预涂</td><td>总计</td><td>0.5~1.0kg/m^2(10~20lb/100ft^2)</td></tr>
<tr><td>过滤泥浆</td><td>含30%~60%的水</td></tr>
<tr><td>循环速度</td><td>2.4~4.9$m^3/(h \cdot m^2)$[1~2gal/(min·ft^2)](4.5ft/s)</td></tr>
<tr><td rowspan="5">设计参数</td><td>过滤速度</td><td colspan="2">1.2$m^3/(h \cdot m^2)$[0.5gal/(min·ft^2)]</td></tr>
<tr><td>入口固体颗粒含量</td><td colspan="2"><20mg/L</td></tr>
<tr><td>入口油含量</td><td colspan="2"><10mg/L</td></tr>
<tr><td>出口固体颗粒总含量</td><td colspan="2"><1mg/L</td></tr>
<tr><td colspan="3">在过滤器压降为20psi(表)时进行再生</td></tr>
<tr><td rowspan="5">其他参数</td><td>DE湿体积密度</td><td colspan="2">240~320kg DE/m^3(15~20lb DE/ft^3)</td></tr>
<tr><td>DE干体积密度</td><td colspan="2">112~240kg DE/m^3(7~15lb DE/ft^3)</td></tr>
<tr><td>DE相对密度</td><td colspan="2">2.3</td></tr>
<tr><td>循环间隔</td><td colspan="2">2~3天</td></tr>
<tr><td>筛网材质</td><td colspan="2">聚合电解质、平纹织就、33×42支、630D厚度、捻向3.5Z、重达201g/m^2(5.92oz/yd^2)、热定型渗透率730$m^3/(h \cdot m^2)$[40(ft^3/(min·ft^2)]、擦洗、可用不锈钢</td></tr>
</table>

① 珍珠岩粉助滤剂的体积密度是DE的一半，使用该助滤剂时，上述指南应根据等效体积进行调整。

7.3 化学清除设备

化学清除设备通常需要化学剂存储设施、混合罐、注入泵。

根据注入速度，存储设施可以是鼓状存储装置或小型常压罐。

如果用量不大，也可购买罐装预混合化学清洗剂。

为了选择合适的存储设施、混合罐和注入泵，有必要计算化学剂的注入速度。

以下方法是基于反应化学计量的化学剂用量估算法。在最终确定选择设

备时，应与化学剂供应商和设备制造商取得联系，以获得协助。

所需的化学清洗剂注入速度可由下式计算：

油田常用单位：

$$W_{cs}=1.09\times10^{-5}Q_{w}SG_{w}CO_{2}RMW_{cs} \tag{2-19a}$$

国际单位：

$$W_{cs}=7.5\times10^{-4}Q_{w}SG_{w}CO_{2}RMW_{cs} \tag{2-19a}$$

式中：W_{cs}为化学清洗剂质量流速，bbl/d(kg/d)；Q_w为水流速度，bbl/d(m^3/h)；SG_w为水相对密度；CO_2为入口水中氧气含量，μL/L；R为化学计量反应率，lb/h(kg/h)；MW_{cs}为化学清洗剂摩尔质量，lb/mol。

利用式(2-19)可计算化学清洗剂有效成分的质量流速。

泵注入速度取决于混合化学溶剂中有效成分的含量。

化学厂商可协助确定最佳溶液含量和体积注入速度。

催化剂注入速度可通过下式计算：

油田常用单位：

$$W_{c}=7.7\times10^{-7}Q_{w}SG_{w}C_{ca} \tag{2-20a}$$

国际单位：

$$W_{c}=5.3\times10^{-2}Q_{w}SG_{w}C_{ca} \tag{2-20b}$$

式中：W_c为催化剂($COCl_2$)的质量流速度，lb/d(kg/d)；C_{ca}为催化剂含量，mg/L(通常C_{ca}=0.001mg/L)。

注入速度取决于催化剂混合液的含量。

厂商可提供清洗剂与催化剂的预混合溶液。由于此法可减少存储、混合和注入装置的使用，故应予考虑。

8 设计实例：固体颗粒去除工艺

已知：注入速度为1300gal/min；注入压力为770psi(表)；过滤要求为2μm；地下水数据，油为0mg/L、氧气(O_2)为0mg/L、砂为80mg/；固体颗粒粒径分布，大于35μm占97%，余者介于2~35μm之间；水流速为1500gal/min；表面水压力为60psi(表)；举升气流速为6×106ft^3/d(标)。

第1步，选择地下水水源。

进入第8步。

第8步，举升气被用于采水。

进入第9步。

第9步，选择合适大小的两相分离器分离水中的举升气。

第10步，需使用过滤2μm颗粒的过滤器。

第11步，固体颗粒粒径超过35μm的固体颗粒含量为(0.97)×(80mg/L)=77.6mg/L，大于25mg/L，进入第12步。

第12步，选择水力旋流器，进入第13步。

第13步，确定水力旋流器规格。

可移除的固体颗粒粒径是35μm。

水流速度为1300gal/min。

必须计算水力旋流器的最小压降。如果压降可限于60psi(表)之内，则无需使用过滤器进料泵。

入口分离器的水可通过阀门将过多的水撇出。流经系统的水受控于注入泵吸入速度，因此，无需采用水力旋流器入口控制阀。

过滤需求决定筒式过滤器需符合2μm的过滤要求。在更换过滤元件之前，过滤器需经历最大20psi的压降。

泵的吸入端需较小的正压力，以防止气穴现象，5psi(表)的压力可满足此要求。

系统压降可归纳为：入口压力为60psi(表)；控制阀为0psi；筒式过滤器为20psi；管道损失为0psi；泵压为5psi；水力旋流器最小压降为35psi。

因此，水力旋流器的选择应基于下列规格要求：水流速度为1300gal/min；去除固体颗粒最大粒径为35μm；压降为35psi。

不能去除大于35μm的颗粒，此时，转第18步。

第18步，能过滤2μm的颗粒。

选择可更换的筒式过滤器并进入第19步。

第19步，选择标准筒式过滤器，以符合下列规格：

水流速度为1300gal/min；去除固体颗粒最大粒径为2μm；水中固体颗粒

含量为2.4mg/L；运行压力为25psi(表)；压降为20psi。

第20步，无需筒式过滤器作为保护过滤器。

第21步，水中无氧，将水与采出水进行混合，未出现沉淀，无需注入化学剂。

术语表

A=颗粒截面积，$ft^2(m^2)$。

C_{ca}=催化剂含量，mg/L。

CD=牵引系数。

CO_2=入口水中氧气含量，μL/L。

D=容器的内径，in(m)。

D_m=颗粒粒径，in(m)。

D_{50}=50%通过溢出、50%通过底流回收的颗粒粒径。

d_{99}=1%通过溢出、99%通过底流回收的颗粒粒径。

F=紊流和短路流系数。

F_D=牵引力，lb(kg)。

G=重力常数，$32.2ft/s^2(9.81m/s^2)$。

H=水柱高度，ft(m)。

H_w=容器内水柱高度，in(m)。

H_w=水柱高度，in(m)。

K=去除颗粒比例和形状常数。

K=流速与压降的比例和形状常数。

L_{eff}=分离发生时的有效长度，ft(m)。

L_{ss}=缝-缝长度，ft(m)。

MWCS=化学清洗剂的相对分子质量。

P=运行压力，psi(kPa)(绝)。

O=蒸汽流速，$ft^3/min(m^3/h)$。

Q_g=气流速度，$10^6ft^3/d$(标)(m^3/h)(标)。

Q_w=水流速，$bbl/d(m^3/h)$。

R=清洗剂与氧气之间的化学计量反应速度，lb/h(kg/h)。

Re=雷诺数。

SG_w=水的相对密度。

T=运行温度，°R(K)。

$(t_r)_w$=水停留时间，min。

V_t=终端颗粒沉降速度，ft/s(m/s)。

W=宽度，ft/m。

W_c=催化剂质量流速($COCl_2$)，lb/d(kg/d)。

W_{CS}=化学清洗剂的质量流速，lb/d(kg/d)。

A_w=水的截面积所占分数。

F_w=容器内水的高度所占分数。

F=高宽比，(H_w/W)。

ΔP=压降，psi(kPa)。

ΔSG=颗粒与水的相对密度之差。

μ_w=水黏度，cP(Pa·s)。

ρ=连续相密度，$lb/ft^3(kg/m^3)$。